# GEHEIMSPRACHEN UND DECODIERUNG

# GEHEIMSPRACHEN UND DECODIERUNG

## MATHEMATIKER, SPIONE UND HACKER

JOAN GÓMEZ

**Librero**

*Für meinen Sohn Vicenç*

Die Originalausgabe erschien 2010 unter dem Titel:
*Matemáticos, espías y piratas informáticos*

© 2017 Librero IBP (für die deutschsprachige Ausgabe)
Postbus 72, 5330 AB Kerkdriel, Niederlande

Text © 2010 Joan Gómez
© 2010 RBA Contenidos Editoriales y Audiovisuales S.A.U.

Übersetzung: Judith Muhr
Fachberatung: Reimund Acker
Satz: Elixyz Desk Top Publishing

Bildnachweis Innenseiten: Age-Fotostock, Album, akg-Album,
Album-Lessing, Militärarchiv Ávila, Archiv RBA, Corbis,
iStockphoto, Joan Gómez/iStockphoto, National Cryptologic
Museum, Maryland

Bildnachweis Umschlag:
Enigma-Maschine: Wikimedia Commons
Formeln © iStockphoto.com/Suljo
mathematische Figuren © iStockphoto.com/mustafahacalaki

Printed in Slovenia

ISBN: 978-90-8998-690-0

# Inhalt

# Vorwort

Gerne schreiben sich Kinder auf dem Schulhof gegenseitig geheime Botschaften. Für die Verschlüsselung erfinden sie ganz spezielle Alphabete. Das Ganze hat jedoch wohl mehr mit dem Traum zu tun, ein geheimnisumwitterter Agent zu sein, als mit der Gefahr, dass womöglich Dritte die übermittelten Botschaften ausspionieren könnten. In der Erwachsenenwelt dagegen gibt es sehr wohl solche unerwünschten Lauscher, und die Vertraulichkeit von vielen übermittelten Daten ist äußerst wichtig.

Einst den Aktivitäten einer politischen und sozialen Elite vorbehalten, sind Codes und Chiffren mit dem heutigen Informationszeitalter unverzichtbar für das reibungslose Funktionieren der Gesellschaft als Ganzes geworden. Dieses Buch versucht, die Geschichte der Geheimcodes aus der Perspektive der wichtigsten Grundlage zu betrachten: der Mathematik.

Die Kryptografie, also die Kunst, in Codes zu schreiben, gibt es seit geschrieben wird. Obwohl schon die Ägypter und die Mesopotamier Verschlüsselungsmethoden kannten, waren die Ersten, die sie wirklich gezielt einsetzten, die alten Griechen und die Römer, aggressive Völker, für die eine geheime Kommunikation ein Schlüssel zu ihrem militärischen Erfolg war. Diese Geheimhaltung führte schließlich zu neuen Arten von Kontrahenten – denjenigen, die sich selbst als die Geheimnisbewahrer erklären, die Kryptografen oder Verschlüssler, und denjenigen, die alles daransetzen, das Geheimnis aufzudecken, die Kryptoanalytiker oder Codeknacker. Dieser Kampf wurde immer hinter den Kulissen ausgetragen, wobei manchmal die eine, manchmal die andere Seite im Vorteil war, aber nie eine von ihnen einen entscheidenden Sieg erreichen konnte. Im 8. Jahrhundert beispielsweise erfand der arabische Gelehrte Al-Kindi ein Dechiffrier-Werkzeug, das auch als Häufigkeitsanalyse bezeichnet wurde. Zunächst sah es so aus, als könne es jeden Code entschlüsseln. Irgendwann (nach Jahrhunderten) reagierten die Verschlüssler mit der polyalphabetischen Chiffrierung darauf. Auch dies schien eine schlagkräftige Waffe zu sein … bis wiederum ein komplexeres Dechiffriersystem auftauchte, entwickelt von einem englischen Erfinder, womit der Vorteil wieder auf der Seite der Entschlüssler war. Aber schon immer war die wichtigste Methode, die sowohl von der einen als auch von der anderen Seite eingesetzt wurde, die Mathematik – von der Statistik und Modularer Arithmetik bis hin zur Zahlentheorie.

Mit der Einführung der ersten Verschlüsselungsmaschinen war ein Wendepunkt bei diesem Kampf um die Verschlüsselung und Entschlüsselung erreicht, bald darauf wurden jedoch auch Maschinen für die Entschlüsselung erfunden. Die Briten entwickelten und bauten den ersten programmierbaren digitalen Computer, Colossos, mit dem Nachrichten aus der Enigma geknackt wurden, der deutschen Verschlüsselungsmaschine.

Mit zunehmender Rechenleistung der Computer erlangten die Codes eine führende Rolle bei der Übertragung von Informationen, jenseits der herkömmlichen Gesichtspunkte der Geheimhaltung.

Die universelle Sprache der modernen Gesellschaft verwendet keine Buchstaben oder Ideogramme mehr, sondern zwei Ziffern – 0 und 1. Dies ist der Binärcode.

Welche Seite hat am meisten von der Einführung der neuen Technologie profitiert, die Verschlüssler oder die Entschlüssler? Ist in unserem Zeitalter der Viren, Datendiebstähle und Supercomputer überhaupt noch Sicherheit möglich? Die Antwort auf die zweite Frage ist ein klares Ja, und auch hier müssen wir der Mathematik unseren Dank aussprechen, in diesem Fall den Primzahlen und ihren besonderen Eigenschaften. Wie lange wird diese vorübergehende Überlegenheit der Geheimhaltung andauern? Die Antwort auf diese Frage bringt uns an die entferntesten Grenzen der aktuellen Wissenschaft, zur Theorie der Quantenmechanik, wo erstaunliche Paradoxa das Ende dieser aufregenden Reise durch die Mathematik der Sicherheit und des Geheimnisses kennzeichnen.

Dieses Buch endet mit einer Literaturliste für jene, die tiefer in die Welt der Verschlüsselung und Kryptografie eintauchen wollen. Ein Index vereinfacht Ihnen die Suche.

# 1. Kapitel
# Wie sicher ist Information?

*Kryptografie: Die Kunst der Verschlüsselung und Entschlüsselung.*
Oxford Dictionary

Der Wunsch, eine Nachricht zu schreiben, die nur der Sender und der Empfänger verstehen – und die für alle anderen unverständlich ist –, ist nachweislich so alt wie die Kunst des Schreibens. Tatsächlich gibt es einige Hieroglyphen, die nicht dem „Standard" entsprechen, und die mehr als 4.500 Jahre alt sind. Wir wissen jedoch nicht mit Sicherheit, ob sie einen Versuch darstellen, Informationen zu verschleiern, oder ob sie womöglich eine Rolle bei irgendeinem Ritual gespielt haben. Mehr Informationen besitzen wir über eine babylonische Tafel, die auf etwa 2.500 v. Chr. datiert ist. Sie enthält Wörter, deren erster Konsonant entfernt wurde, und verwendet einige unübliche Abwandlungen der Zeichen. Untersuchungen haben ergeben, dass der Text eine Methode zur Herstellung von glasierter Keramik beschreibt, was schließen lässt, dass er von einem Händler oder vielleicht von einem Töpfer geschrieben wurde, der sich bemühte, Handelsgeheimnisse vor seinen Wettbewerbern zu schützen.

Mit der Verbreitung des Schreibens und des Handels entstanden große Reiche, die wiederum häufigen Grenzkämpfen ausgesetzt waren. Die Verschlüsselung und die sichere Übertragung von Informationen wurden zu einer vordringlichen Angelegenheit für Regierungen ebenso wie für Händler. In unserem heutigen Informationszeitalter ist die Notwendigkeit, die Integrität der Kommunikation zu schützen und ein vertretbares Maß an Datenschutz zu bewahren, wichtiger denn je. Es gibt kaum noch einen Informationsfluss, der nicht auf die eine oder andere Weise codiert ist. Zweck dieser Codierung ist, dass die Information dadurch besser zu versenden ist. Beispielsweise ist Text, der in die binäre Sprache übersetzt wurde (ein Zahlensystem, das nur die Ziffern 0 und 1 verwendet) für einen Computer verständlich. Nach der Verschlüsselung kann ein Großteil dieser Information vor jedem geschützt werden, der sie abfängt. Mit anderen Worten, der Code muss verschlüsselt werden. Später muss der rechtmäßige Empfänger wieder in der Lage sein, die Nachricht zu entschlüsseln. Codierung, Verschlüsselung und Entschlüsselung sind die grundlegenden Schritte im „Informationsreigen", die täglich jede Stunde, jede Minute und jede Sekunde millionenfach wiederholt werden. Und die Musik, die diesen Tanz begleitet, ist nichts anderes als Mathematik.

## Codes, Chiffren und Schlüssel

Verschlüssler verwenden den Begriff „codieren" etwas anders als wir Normalsterblichen. Für sie ist die Codierung eine Methode, Code zu schreiben, der darin besteht, ein Wort durch ein anderes zu ersetzen. Andererseits besteht die Anwendung einer Verschlüsselung oder einer Geheimschrift (Chiffre) darin, einzelne Buchstaben oder andere einzelne Zeichen zu ersetzen. Im Laufe der Zeit ist die letztgenannte Form so gebräuchlich geworden, dass sie synonym zum Konzept der „Codierung" geworden ist. Wenn wir jedoch die eher wissenschaftliche Interpretation anwenden, wäre der korrekte Begriff für die zweite Methode, eine Nachricht zu „verschlüsseln" (bzw. im umgekehrten Prozess zu „entschlüsseln").

Angenommen, wir wollen eine sichere Nachricht versenden, „ANGRIFF". Wir können zwei grundlegende Methoden dafür verwenden: Wir ersetzen das Wort (Codieren), oder wir ersetzen einige oder alle Buchstaben, aus denen das Wort besteht (Verschlüsseln). Eine einfache Methode, ein Wort zu codieren, ist die Übersetzung in eine Sprache, die die potenziellen Abhörer nicht kennen, während es bei der Verschlüsselung beispielsweise ausreichend wäre, jeden Buchstaben durch einen anderen Buchstaben zu ersetzen, der sich an einer anderen Stelle im Alphabet befindet. In jedem Fall muss aber der Empfänger wissen, welches Verfahren für die Codierung oder Verschlüsselung der Nachricht angewendet wurde, sonst wird unsere Nachricht sinnlos. Wenn wir bereits mit dem Empfänger vereinbart haben, dass er die eine oder die andere Methode verwendet – also die Übersetzung in eine andere Sprache oder die Ersetzung aller Buchstaben durch andere –, bräuchten wir ihn nur noch darüber zu informieren, welche Zielsprache wir verwendet haben oder um wie viele Stellen wir das Alphabet

---

### DER BINÄRCODE

Wenn ein Computer Informationen verstehen und verarbeiten soll, müssen sie aus der Sprache, in der sie verfasst sind, in die sogenannte Binärsprache übersetzt werden. Diese Sprache besteht aus nur zwei Ziffern: 0 und 1. Die Binärdarstellung für die Zahlen 1 bis 10 in unserem Dezimalsystem ist in der Tabelle auf der rechten Seite gezeigt.

Die Dezimalzahl 9780 wäre in der Binärdarstellung demzufolge 10011000110100.

| | |
|---|---|
| 0 | 0 |
| 1 | 1 |
| 10 | 2 |
| 11 | 3 |
| 100 | 4 |
| 101 | 5 |
| 110 | 6 |
| 111 | 7 |
| 1000 | 8 |
| 1001 | 9 |
| 1010 | 10 |

## ÜBERSETZEN ODER ENTSCHLÜSSELN?

Übersetzungen von Texten in einer Sprache, die einen
unbekannten Zeichensatz verwendet, können als allgemeine Entschlüsselungsaufgabe betrachtet werden.
Die Übersetzung kann als der bereits in unsere Sprache übersetzte unbekannte Text betrachtet werden,
und der Verschlüsselungsalgorithmus besteht aus den
Grammatikregeln und der Syntax der Originalsprache.
Die für beide Aufgaben angewendeten Techniken –
Übersetzung und Entschlüsselung – weisen viele Ähn-
lichkeiten auf. In beiden Fällen muss dieselbe Bedin-
gung erfüllt sein: Der Sender und der Empfänger müssen mindestens eine gemeinsame
Sprache besitzen. Aus diesem Grund war die Übersetzung von Texten, die in toten Sprachen
geschrieben waren, wie beispielsweise ägyptischen Hieroglyphen oder Linear B, einfach unmöglich, bis eine Methode gefunden wurde, sie einer bekannten Sprache zuzuordnen. In
beiden Fällen war dies Altgriechisch. Das Bild oben zeigt eine Tafel, die in Kreta gefunden
wurde und deren Text in Linear B verfasst ist.

verschoben haben, um die einzelnen Buchstaben auszutauschen. Wenn der Empfänger
in einem verschlüsselten Beispiel die Nachricht „CPITKHH" erhält und weiß, dass
wir jeden Buchstaben um zwei Stellen nach hinten verschoben haben, kann er den
Prozess ganz einfach umkehren und die Nachricht entschlüsseln: ANGRIFF.

Die Unterscheidung, die wir zwischen der Verschlüsselungsregel (dem angewendeten System) und dem Verschlüsselungsparameter (einer variablen Anweisung,
die spezifisch für eine Nachricht oder eine Gruppe von Nachrichten ist) eingeführt haben, ist extrem praktisch, weil ein potenzieller Spion beides kennen müsste,
um die Nachricht zu entschlüsseln. Der Spion könnte beispielsweise wissen, dass
der Schlüssel zu der Chiffre ist, jeden Buchstaben durch einen im Alphabet um $x$
Stellen weiter vorne stehenden Buchstaben zu ersetzen. Wenn er jedoch nicht
weiß, wofür das $x$ steht, muss er alle möglichen Kombinationen ausprobieren: Eine
für jeden Buchstaben des Alphabets. In diesem Beispiel ist die Chiffre sehr einfach, und es ist nicht besonders aufwendig, alle Möglichkeiten zu durchlaufen –
man spricht hier auch von einer Brute-Force-Entschlüsselung. Bei komplexeren
Techniken ist diese Art, den Code zu knacken, die Kryptoanalyse, in jedem Fall

## WIE VIELE SCHLÜSSEL BRAUCHT MAN?

Wie viele Schlüssel braucht man in einem System mit zwei Benutzern mindestens? Drei? Vier? Damit zwei Benutzer miteinander geheim kommunizieren können, braucht man nur einen Code oder Schlüssel. Bei drei Benutzern braucht man drei: einen für die Kommunikation zwischen A und B, einen für die Paarung A und C und einen dritten für B und C. Analog dazu bräuchten vier Benutzer sechs Schlüssel. Allgemein ausgedrückt, brauchen wir für *n* Benutzer so viele Schlüssel, wie es mögliche Paarungen von *n* Benutzern gibt, nämlich:

$$\binom{n}{2} = \frac{n(n-1)}{2}$$

Für ein relativ kleines System aus 10.000 miteinander verbundenen Benutzern bräuchten wir also 49.995.000 Schlüssel. Bei einer Weltbevölkerung von sechs Milliarden Menschen ist die Zahl überwältigend: 17.999.999.997.000.000.000.

manuell praktisch unmöglich durchzuführen. Darüber hinaus unterliegen das Abfangen und die Entschlüsselung von Nachrichten im Allgemeinen maßgeblichen Zeitbeschränkungen. Die Information muss erhalten werden und verstanden sein, bevor sie nutzlos wird oder allen anderen zur Verfügung steht.

Die allgemeine Regel für die Verschlüsselung wird häufig als „Verschlüsselungsalgorithmus" bezeichnet, während der spezifische Parameter für die Chiffrierung oder die Codierung der Nachricht als „Schlüssel" bezeichnet wird. (Im Chiffrierbeispiel auf Seite 11 beispielsweise ist der Schlüssel 2. Jeder Originalbuchstabe wird durch einen anderen Buchstaben ersetzt, der sich im Alphabet zwei Stellen weiter befindet.) Offensichtlich sind für jeden Verschlüsselungsalgorithmus zahlreiche Schlüssel möglich, deshalb ist auch die Kenntnis des Algorithmus allein so gut wie nutzlos, wenn wir nicht auch den Schlüssel kennen, der für die Verschlüsselung mit diesem Algorithmus verwendet wurde. Weil die Schlüssel im Allgemeinen einfacher zu ändern und zu verbreiten sind, scheint es logisch zu sein, sich darauf zu konzentrieren, die Schlüssel so geheim wie möglich zu halten, um die Sicherheit eines Verschlüsselungssystems zu gewährleisten. Dieses Prinzip wurde Ende des 19. Jahrhundertes vom niederländischen Sprachwissenschaftler Auguste Kerckhoff von Nieuwenhof formuliert. Wir kennen es als das Kerckhoffsche Prinzip.

Wenn wir alle bisherigen Informationen zusammenfassen, können wir ein allgemeines Verschlüsselungssystem darstellen, das durch die folgenden Elemente definiert ist:

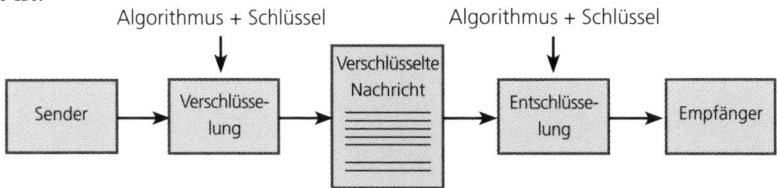

Wir haben also einen Sender und einen Empfänger der Nachricht, einen Verschlüsselungsalgorithmus und einen definierten Schlüssel, der dem Sender gestattet, die Nachricht zu verschlüsseln, und dem Empfänger, sie zu entschlüsseln. Später werden wir sehen, wie sich dieses Diagramm in jüngster Zeit verändert hat, weil sich die Art und die Funktion der Schlüssel geändert hat. Momentan wollen wir jedoch bei diesem Diagramm bleiben.

## Private Schlüssel und öffentliche Schlüssel

Das Kerckhoffsche Prinzip bezeichnet den Schlüssel als das grundlegende Element für die Sicherheit jedes kryptografischen Systems. Bis vor relativ kurzer Zeit mussten die Schlüssel eines Senders und eines Empfängers bei allen denkbaren kryptografischen Systemen identisch oder zumindest symmetrisch sein, d. h., sie mussten sowohl für die Verschlüsselung als auch für die Entschlüsselung einer Nachricht verwendet werden. Der Schlüssel war deshalb ein Geheimnis, das der Sender und der Empfänger gemeinsam hatten. Damit war das kryptografische System gewissermaßen von beiden Seiten her immer gefährdet. Diese Art der Kryptografie, die von einem gemeinsamen Schlüssel von Sender und Empfänger abhängig ist, wird auch als „privater Schlüssel" bezeichnet. Alle seit Anbeginn der Zeiten von Menschen entwickelten kryptografischen Systeme haben diese Eigenschaft, unabhängig vom verwendeten Algorithmus und seiner Komplexität.

---

### WIE VIELE SCHLÜSSEL BRAUCHT MAN? ... TEIL 2

Wie wir auf Seite 12 gesehen haben, war für die klassische Verschlüsselung eine riesige Menge an Schlüsseln erforderlich. In einem öffentlichen Verschlüsselungssystem dagegen brauchen jeweils zwei Benutzer, die Nachrichten austauschen, nur vier davon: die jeweiligen öffentlichen und privaten Schlüssel. In diesem Fall benötigen $n$ Benutzer $2n$ Schlüssel.

---

Denselben Schlüssel für Empfänger und Sender zu verwenden scheint vernünftig zu sein. Wie sollte es auch funktionieren, wenn eine Person eine Nachricht mit einem Schlüssel verschlüsselt und eine zweite Person sie unter Verwendung eines anderen entschlüsselt – mit der Hoffnung, dass die Bedeutung des Texts beibehalten wird? Tausende von Jahren wurde diese Möglichkeit als logische Absurdität betrachtet. Wir werden jedoch später noch genauer beschreiben, wie vor erst 50 Jahren das Absurde völlig normal wurde und heute ein nicht mehr wegzudenkender Bestandteil von Codes ist.

Heute bestehen die Verschlüsselungsalgorithmen für einen Großteil der Kommunikation aus mindestens zwei Schlüsseln: einem geheimen, privaten, wie bereits üblich, und einem öffentlichen, den jeder kennt. Der Übertragungsmechanismus funktioniert wie folgt: Der Sender erhält den öffentlichen Schlüssel des Empfängers, an den er die Nachricht senden will, und verwendet diesen, um die Nachricht zu verschlüsseln. Der Empfänger nimmt seinen privaten Schlüssel und entschlüsselt die Nachricht damit. Darüber hinaus besitzt dieses System einen extrem wichtigen zusätzlichen Vorteil: Weder der Sender noch der Empfänger müssen im Voraus die verwendeten Schlüssel abstimmen, deshalb ist die Sicherheit des Systems sehr viel höher, als es je zuvor möglich war. Diese völlig revolutionäre Form der Verschlüsselung wird als „öffentlicher Schlüssel" bezeichnet und bildet die Grundlage für die Sicherheit der heutigen Kommunikationsnetzwerke.

Am Ausgangspunkt dieser revolutionären Technologie finden wir wieder die Mathematik. Wie wir später noch genauer erklären werden, basiert die moderne Kryptografie auf zwei Fundamenten. Das erste ist die Modulare Arithmetik, das zweite die Zahlentheorie – insbesondere der Teil mit der Untersuchung der Primzahlen.

## Die Zimmermann-Depesche

Kryptografie ist einer der Bereiche der angewandten Mathematik, in denen der Kontrast zwischen der makellosen Klarheit der zugrunde liegenden Theorie und den düsteren Konsequenzen ihrer Umsetzungen am offensichtlichsten ist. Schließlich ist das Schicksal ganzer Nationen von einer erfolgreichen oder weniger erfolgreichen Aufrechterhaltung einer sicheren Kommunikation abhängig. Eines der spektakulärsten Beispiele, wie die Kryptografie den Lauf der Geschichte geändert hat, ist vor fast einem Jahrhundert passiert und als die Zimmermann-Depeschen-Affäre in die Annalen eingegangen.

*So berichtete die* New York Times *über den Untergang der* Lusitania.

Am 7. Mai 1915, als halb Europa in blutige Auseinandersetzungen verstrickt war, torpedierte ein deutsches U-Boot das Transatlantik-Passagierschiff *Lusitania*, das unter britischer Flagge nahe der irischen Küste verkehrte. Das Ergebnis war eines der schrecklichsten Massaker der Geschichte: 1198 Zivilisten, davon 124 Amerikaner, verloren ihr Leben. Die Nachricht erzürnte die Öffentlichkeit in den USA.

Die Regierung von Präsident Woodrow Wilson warnte ihre deutschen Amtskollegen, dass jede weitere vergleichbare Aktion unmittelbar dazu führen würde, dass die USA auf der Alliiertenseite in den Krieg eintreten würden. Darüber hinaus forderte Wilson, dass deutsche U-Boote auftauchten, bevor sie Angriffe fuhren, um das Sinken weiterer Passagierschiffe zu vermeiden. Der taktische Vorteil der U-Boot-Flotte war damit ernsthaft gefährdet.

Im November 1916 ernannte Deutschland Arthur Zimmermann, einen Mann, der für seine diplomatischen Fähigkeiten bekannt war, zu seinem neuen Außenminister. Die Nachricht wurde in der amerikanischen Presse begrüßt, die seine Ernennung als gutes Omen für die Beziehungen zwischen Deutschland und den USA sahen.

Im Januar 1917, weniger als zwei Jahre nach der Tragödie der *Lusitania* und dem daraus gipfelnden Konflikt, erhielt Johann von Bernstorff, deutscher Botschafter in Washington, das folgende codierte Telegramm von Zimmermann, mit der Anweisung, es im Vertrauen an seinen Amtskollegen Heinrich von Eckardt in Mexiko weiterzugeben:

„Wir beabsichtigen, am ersten Februar uneingeschränkten U-Boot-Krieg zu beginnen. Es wird versucht werden, Amerika trotzdem neutral zu halten. Für den Fall, dass dies nicht gelingen sollte, schlagen wir Mexiko auf folgender Grundlage ein Bündnis vor: gemeinsame Kriegführung. Gemeinsamer Friedensschluss.

Reichlich finanzielle Unterstützung und Einverständnis unsererseits, dass Mexiko in Texas, Neu-Mexiko, Arizona früher verlorenes Gebiet zurückerobert. Regelung im Einzelnen Euer Hochwohlgeborenen [von Eckardt] überlassen.

Euer Hochwohlgeborenen wollen Vorstehendes Präsidenten [von Mexiko] streng geheim eröffnen, sobald Kriegsausbruch mit Vereinigten Staaten feststeht, und Anregung hinzufügen, Japan von sich aus zu sofortigem Beitritt einzuladen und gleichzeitig zwischen uns und Japan zu vermitteln.

Bitte Präsidenten darauf hinweisen, dass rücksichtslose Anwendung unserer U-Boote jetzt Aussicht bietet, England in wenigen Monaten zum Frieden zu zwingen."

Wäre diese Depesche an die Öffentlichkeit gelangt, wäre die sichere Folge der Ausbruch des Krieges zwischen Deutschland und den USA gewesen. Obwohl Kaiser Wilhelm II. wusste, dass dies unweigerlich der Fall sein würde, wenn die U-Boote ohne vorheriges Auftauchen angreifen würden, hoffte er, dass England rechtzeitig kapitulieren würde und es keinen Konflikt mehr gäbe, dem die USA hätten beitreten können. Abgesehen davon, konnte auch die aktive Bedrohung durch Mexiko entlang der südlichen Grenze der USA die Amerikaner davon abhalten, in einen weiteren Konflikt einzutreten, der sich viele Tausend Meilen entfernt befand. Mexiko brauchte jedoch eine gewisse Zeit, um seine Kräfte zu organisieren. Aus diesem Grund war es unabdingbar, dass die Absichten von Deutschland im Hinblick auf den U-Boot-Krieg lange genug geheim blieben, um die Balance des Konflikts zugunsten Deutschlands zu beeinflussen.

## Die kryptografische Abteilung (Room 40) schaltet sich ein

Die britische Regierung hatte jedoch andere Pläne. Kurz nach Beginn des Krieges durchtrennte man die unter Wasser verlegten Telegrafenkabel, die Deutschland direkt mit der westlichen Hemisphäre verbanden, sodass die gesamte elektronische Kommunikation über Kabel erfolgen musste, die die Briten abhören konnten. Die USA hatten Deutschland in einem Versuch, dem Konflikt durch Verhandlungen ein Ende zu machen, gestattet, weiterhin diplomatische Nachrichten auszutauschen. Aus diesem Grund wurde die Depesche von Zimmerman unversehrt von der deutschen Delegation in Washington DC empfangen.

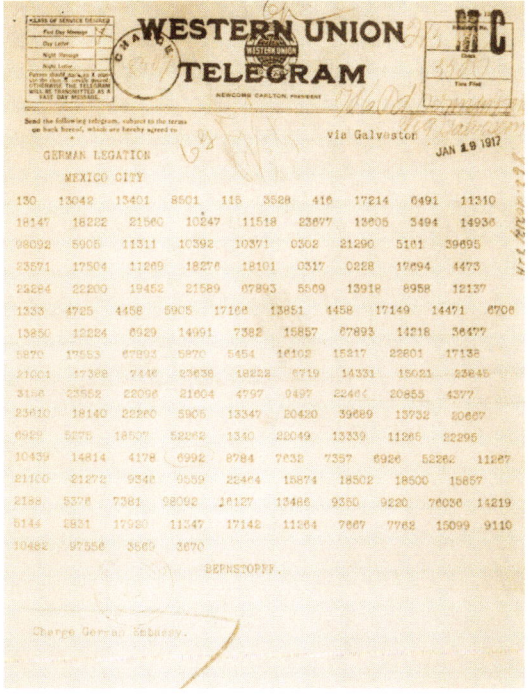

*Die Depesche von Zimmermann (oben), die vom deutschen Botschafter in Washington DC, Johann von Bernstorff, an seinen Amtskollegen in Mexiko weitergegeben wurde, darunter die dechiffrierte Version desselben Telegramms*

Teil der britischen Decodierung der Zimmermann-Depesche. *Im unteren Teil ist zu sehen, dass den Deutschen ein Code für das Wort „Arizona" fehlte und dass sie es deshalb in Abschnitten codierten: AR, IZ, ON, A.*

Die britische Regierung sandte die abgefangene Nachricht an ihre kryptografische Abteilung, bekannt als Room 40.

Die Deutschen hatten den normalen Verschlüsselungsalgorithmus des Außenministeriums verwendet, mit einer Chiffrierung, die als 0075 bezeichnet wurde und die die Experten von Room 40 bereits teilweise geknackt hatten. Der betreffende Algorithmus bewirkte, dass Wörter (Codierung) und Buchstaben (Verschlüsselung) ausgetauscht wurden, eine vergleichbare Vorgehensweise wie in anderen Verschlüsselungswerkzeugen, die zu dem damaligen Zeitpunkt von den Deutschen verwendet wurden, der Chiffrierung ADFGVX, die wir später noch genauer betrachten.

Die Briten brauchten nicht lange, das Telegramm zu entschlüsseln, aber sie zögerten, es den Amerikanern direkt zu zeigen. Dafür gab es zwei Gründe. Erstens, das geheime Telegramm war unter dem diplomatischen Schutz übertragen worden, den die USA für deutsche Nachrichten stellten, ein Recht, das die Briten ignoriert hatten.

Zweitens, wäre das Telegramm veröffentlicht worden, hätte die deutsche Regierung sofort gewusst, dass ihre Codes geknackt wurden, und man hätte das Verschlüsselungssystem geändert. Aus diesem Grund beschlossen die Briten, den Amerikanern mitzuteilen, dass die abgefangene und entschlüsselte Version diejenige gewesen sei, die von Bernstorff an Mexiko weitergeleitet worden war, und wollte die Deutschen damit davon überzeugen, dass das Telegramm bereits entschlüsselt in Mexiko abgefangen worden war.

Ende Februar gab die Regierung von Wilson den Inhalt des Telegramms an die Presse weiter. Einige Mitglieder der Presse – insbesondere die Zeitungen der Hearst-Gruppe, die gegen den Krieg und für Deutschland waren – waren zunächst skeptisch. Mitte März gab Zimmermann jedoch öffentlich zu, dass er der Verfasser der kontroversen Nachricht war. Etwas mehr als zwei Wochen später, am 6 April 1917, erklärte der amerikanische Kongress Deutschland den Krieg, eine Entscheidung, die weitreichende Konsequenzen für Europa und die Welt haben sollte.

Obwohl außergewöhnlich zu dieser Zeit, ist die Zimmermann-Depesche nur einer der historischen Meilensteine, für die die Kryptografie eine maßgebliche Rolle gespielt hat. In diesem gesamten Buch werden Sie vielen weiteren Beispielen begegnen, aus allen Jahrhunderten und aus allen Kulturen. Trotzdem können wir mit an Sicherheit grenzender Wahrscheinlichkeit davon ausgehen, dass wir viele der kritischsten Ereignisse überhaupt nicht kennen. Ganz ihrer Natur entsprechend ist die Geschichte der Kryptografie eine geheime Geschichte.

# 2. Kapitel

# Kryptografie von der Antike bis zum 19. Jahrhundert

Wie bereits erwähnt, ist die Kryptografie eine sehr alte Disziplin, wahrscheinlich so alt wie die schriftliche Kommunikation. Sie stellt jedoch nicht die einzige Methode dar, Informationen geheim weiterzugeben. Schließlich braucht jeder Text ein Medium, und wenn wir das Medium unsichtbar für alle bis auf den Empfänger machen, haben wir unser Ziel auch erreicht. Die Technik der Verschleierung der Existenz der Nachricht wird als Steganografie bezeichnet, die wahrscheinlich um dieselbe Zeit und aus denselben Gründen wie die Kryptografie entstanden ist.

## Steganografie

Der griechische Gelehrte Herodot, der als einer der wichtigsten Geschichtsschreiber der Welt betrachtet wird, erwähnt in seiner berühmten Chronik des Krieges zwischen den Griechen und den Persern im 5. Jahrhundert v. Chr. zwei kuriose Beispiele für Steganografie, die von einer gewissen Genialität zeugen. Im ersten Beispiel aus dem Buch III von Herodot, *Histiaeus* (Geschichte), befahl der Tyrann von Milet einem Mann, seinen Kopf zu rasieren. Danach schrieb er die Nachricht, die er senden wollte, auf die Kopfhaut des Mannes und wartete, bis die Haare nachwuchsen. Anschließend wurde der Mann an sein Ziel gesendet, das Lager von Aristagoras. Sicher dort angekommen, erklärte der Bote Aristagoras die List und rasierte seinen Kopf wieder, sodass die lange erwartete Nachricht zutage kam. Das zweite Beispiel ist, falls es nicht nur eine Sage ist, von noch größerer geschichtlicher Bedeutung, weil es Demaratus, einem im Exil in Persien befindlichen spartanischen König, gestattete, seine Landsleute über eine bevorstehende Invasion durch den persischen König Xerxes zu warnen. Herodot nahm die Geschichte in sein Buch VII auf:

> „Fakt war, dass Demaratus sie nicht einfach warnen konnte, deshalb entwickelte er die folgende Idee: Er nahm ein paar (Schreib-)Tafeln, kratzte das Wachs ab und schrieb die Pläne des Königs auf die hölzerne Oberfläche der Tafeln. Anschließend bedeckte er sie wieder mit geschmolzenem Wachs,

sodass die Nachricht nicht mehr zu sehen war. Auf diese Weise würden die scheinbar leeren Tafeln keine Probleme mit den Wachen verursachen, die überall entlang der Straße postiert waren. Als die Tafeln schließlich Lacedaemon (Sparta) erreichten, konnten die Lacedaemonier das Geheimnis nicht erkennen, bis, wie ich es verstehe, Gorgo [...] vorschlug, das Wachs von den Tafeln zu kratzen, weil sie – wie sie erklärte – dort auf das Holz am Untergrund eine Nachricht eingraviert finden würden."

Ein steganografisches Hilfsmittel, das die Zeiten überdauert hat, ist unsichtbare Tinte. In Tausenden von Geschichten und Filmen gefeiert, sind die verwendeten Materialien – Zitronensaft, Pflanzensaft und sogar menschlicher Urin – im Allgemeinen organischen Ursprungs und haben einen hohen Kohlenstoffanteil. Aus diesem Grund dunkeln sie tendenziell nach, wenn sie durchschnittlich hohen Temperaturen ausgesetzt werden, wie beispielsweise der Wärme einer Kerzenflamme.

Wie nützlich die Steganografie ist, steht außer Frage. Allerdings ist sie einfach nicht machbar, wenn man es mit sehr viel Kommunikation zu tun hat. Darüber hinaus hat die Technik als solche einen wesentlichen Nachteil: Wenn die Nachricht abgefangen wird, wird der Inhalt sofort offensichtlich. Aus diesem Grund wird die Steganografie grundsätzlich als Ergänzung zur Kryptografie verwendet, also als Möglichkeit, die Sicherheit streng geheimer Übertragungen zu stärken.

Aus den beschriebenen Beispielen können wir erkennen, dass die Notwendigkeit einer sicheren Übertragung von Informationen maßgeblich durch den bewaffneten Konflikt vorangetrieben wurde. Damit ist es nicht überraschend, dass kriegerische Völker wie die Spartaner – die bereits Meister der Steganografie waren, wenn man Herodot glauben darf – gleichzeitig Pioniere in der Entwicklung der Kryptografie waren.

## Transpositionskryptografie

Während des Konflikts zwischen den Spartanern und den Athenern, bei dem es um die Herrschaft über den Peloponnes ging, wurden häufig lange Papierstreifen verwendet, die um einen Zylinder gewickelt wurden, als *Skytale* bezeichnet. Anschließend wurde eine Nachricht auf das so aufgespulte Papier geschrieben. Selbst wenn der Feind die verwendete Technik (d. h. den Verschlüsselungsalgorithmus) kannte, konnte jemand, der die Nachricht abfing, ohne die genaue Kenntnis des Durchmessers der Skytale die Nachricht schwerlich entziffern. Die Dicke und die Länge der

---

## MIT WINZIGEN BUCHSTABEN

In den Jahren des Kalten Krieges zeigten uns dramatische Spionagethriller häufig, wie die Protagonisten detaillierte Nachrichten über ein Medium verschickten, das zu klein war, um es mit bloßem Auge lesen zu können: Mikrofilm. Die Technik wurde einige Jahre zuvor ins Leben gerufen, während des Zweiten Weltkriegs, als die deutschen Agenten eine steganografische Technik verwendeten, die auch als *Mikropunkt* bezeichnet wird. Dieser Mikropunkt bestand aus einem Foto eines kurzen Textes, verkleinert auf die Größe eines Punktes, der dann als einer von vielen Interpunktionszeichen in einen unschuldigen Text eingefügt wurde.

---

Skytale waren im Wesentlichen der Schlüssel für das Verschlüsselungssystem. Wenn der Papierstreifen abgewickelt wurde, wurde die Nachricht unlesbar.

In der folgenden Abbildung lautet die zu übertragende Nachricht (M): „Mit Skytale codierte Nachricht", der abgewickelte Papierstreifen zeigt jedoch unverständliche Textfragmente (C): „Men ica toc sdh kir yei trc ath let".

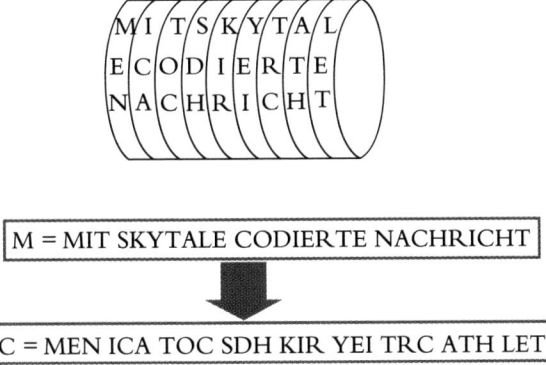

Die Verwendung einer Skytale wendet eine kryptografische Technik an, die auch als „Transposition" bezeichnet wird, wobei die Buchstaben der Nachricht neu angeordnet werden. Um sich die Leistungsstärke dieser Methode vorstellen zu können, betrachten wir ein einfaches Beispiel, bei dem die Transposition auf nur drei Buchstaben angewendet wird: A, O und R. Ein schneller Test ohne jede Berechnung ergibt, dass diese drei Buchstaben auf sechs verschiedene Weisen angeordnet werden können: AOR, ARO, OAR, ORA, ROA und RAO.

## EIN HANDBUCH FÜR JUNGE DAMEN

Das *Kamasutra* ist ein umfangreiches Handbuch, das sich damit beschäftigt, was eine Frau braucht, um eine gute Ehefrau zu sein. Es wurde etwa im 4. Jahrhundert v. Chr. von Brahmin Vatsyayana geschrieben und empfiehlt 64 verschiedene Fertigkeiten, unter anderem Musik, Kochen und Schach. Nummer 45 ist von besonderem Interesse für uns, weil sie sich mit der Kunst des geheimen Schreibens befasst, dem *mlecchita-vikalpa*. Der erfahrene Autor empfiehlt mehrere Methoden, darunter die folgende: Unterteilen Sie das Alphabet in die Hälfte, und paaren Sie die resultierenden Buchstaben zufällig. Bei diesem System stellt jedes Buchstabenpaar einen Schlüssel dar. Beispielsweise könnte das wie folgt aussehen:

| A | S | C | D | N | F | G | X | I | J | K | Z | M |
|---|---|---|---|---|---|---|---|---|---|---|---|---|
| E | O | P | Q | R | B | T | U | V | W | H | Y | L |

Um eine geheime Botschaft zu schreiben, würde man einfach jedes A im Originaltext durch E, jedes P durch C, jedes J durch W usw. ersetzen, und umgekehrt.

Abstrakt ausgedrückt, wird das folgende Verfahren angewendet: Nachdem einer der drei möglichen Buchstaben an erster Stelle platziert wurde, womit drei unterschiedliche Anordnungen möglich sind, haben wir noch zwei Buchstaben, die wiederum auf zwei unterschiedliche Arten angeordnet werden können, womit wir eine neue Summe von 3 x 2 = 6 Anordnungen erhalten. Bei einer etwas längeren Nachricht mit beispielsweise 10 Buchstaben ist die Anzahl möglicher Anordnungen jetzt 10 x 9 x 8 x 7 x 6 x 5 x 4 x 3 x 2 x 1.

Diese Operation wird in der Mathematik als 10! dargestellt und ergibt 3.628.800. Allgemein gilt, für *n* Buchstaben, dass es *n*! verschiedene Möglichkeiten gibt, sie neu anzuordnen. Eine Nachricht mit nur 40 Buchstaben würde danach so viele Möglichkeiten für die Neuanordnung ergeben, dass es praktisch unmöglich wäre, sie manuell zu entschlüsseln. Haben wir womöglich die perfekte Verschlüsselungsmethode gefunden?

Nicht ganz. Tatsächlich bietet ein zufälliger Transpositionsalgorithmus ein höheres Maß an Sicherheit, aber mit welchem Schlüssel kann er entschlüsselt werden? Die Zufälligkeit des Prozesses ist gleichermaßen seine Stärke und seine Schwäche. Man brauchte eine weitere Verschlüsselungsmethode, die Schlüssel erzeugt, die sowohl einfach, leicht zu merken und zu übertragen waren, ohne größere Einbußen im Hinblick auf die Sicherheit zu verursachen. Damit begann die Suche nach dem perfekten Algorithmus. Die ersten Erfolge wurden von den römischen Kaisern verzeichnet. Substitution-Chiffren wurden parallel zu Transpositions-Chiffren entwickelt.

Anders als die Transposition tauscht die strenge Substitution nur einen Buchstaben gegen einen anderen aus oder gegen irgendein Symbol.

Anders als die Transposition bezieht sich die Substitution nicht nur auf die Buchstaben, die in der Nachricht vorkommen. Bei der Transposition ändert der Buchstabe seine Position, behält aber seine Rolle bei. Derselbe Buchstabe hat in der Originalnachricht und in der verschlüsselten Nachricht dieselbe Bedeutung. Bei der Substitution behält der Buchstabe seine Position bei, ändert aber seine Rolle (derselbe Buchstabe bzw. dasselbe Symbol haben eine Bedeutung in der Originalnachricht, eine andere in der verschlüsselten Nachricht). Einer der ersten bekannten Substitutionsalgorithmen ist die sogenannte Polybius-Chiffre, benannt nach dem griechischen Geschichtsschreiber Polybius (203 – 120 v. Chr.), der uns eine Beschreibung hinterlassen hat. Seine Methode wird im Anhang vollständig erklärt.

Etwa 50 Jahre nach der Polybius-Chiffre, im 1. Jahrhundert v. Chr., entstand eine weitere Substitutions-Chiffre, ganz allgemein auch Cäsar-Chiffre genannt, weil Julius Cäsar einer seiner berühmt-berüchtigsten Anwender war. Die Cäsar-Chiffre ist einer der am meisten untersuchten Algorithmen im Bereich der Kryptografie und extrem praktisch, weil sie die Prinzipien der Modulare Arithmetik verdeutlicht, eine der mathematischen Grundlagen bei der Codierung. Die Cäsar-Chiffre ersetzt jeden Buchstaben des Alphabets durch einen anderen Buchstaben, der um eine feste Anzahl an Positionen weiter hinten im Alphabet steht. Laut dem großen Geschichtsschreiber Sueton in seinem Werk *Die zwölf Cäsaren* hat Julius Cäsar seine persönliche

## GAIUS JULIUS CÄSAR (100 – 44 V. CHR.)

Cäsar (rechts) war Feldherr und Staatsmann, dessen Diktatur maßgeblich zum Ende der Römischen Republik beitrug. Nach seiner Rolle als Magistrat in Hispania Ulterior traf er auf zwei andere mächtige Männer dieses Zeitalters, Pompeius und Crassus, und bildete mit ihnen das erste Triumvirat, gefestigt durch die Verheiratung von Julia, Cäsars Tochter, mit Pompeius. Die drei teilten das Römische Reich unter sich auf: Crassus erhielt den Befehl über die östlichen Provinzen, Pompeius blieb in Rom, und Cäsar übernahm den militärischen Befehl der Provinz Cisalpina und wurde Prokonsul der Provinz Narbonensis. Zu diesem Zeitpunkt begann der Krieg gegen die Gallier. Er dauerte acht Jahre und gipfelte darin, dass die Römer das gallische Territorium eroberten. Anschließend marschierte Cäsar mit seinen siegreichen Legionen zurück in die kaiserliche Hauptstadt und machte sich selbst zum alleinigen Diktator.

Korrespondenz mit einem Substitutionsalgorithmus der folgenden Art codiert: Jeder Buchstabe der Originalnachricht wurde durch einen anderen Buchstaben ersetzt, der drei Positionen weiter hinten im Alphabet stand: Der Buchstabe A wurde ersetzt durch D, B durch E usw. W wurde zu Z und X, Y und Z wiederum zu A, B und C.

Die Codierung und Decodierung einer auf diese Weise verschlüsselten Nachricht konnte mit einer einfachen Vorrichtung bewerkstelligt werden, wie nachfolgend gezeigt:

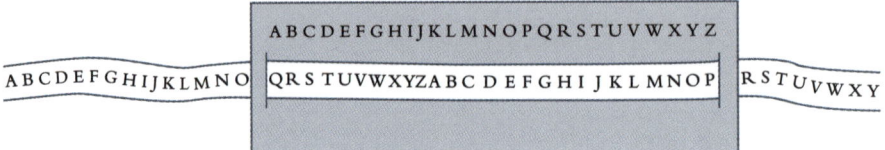

Jetzt betrachten wir das Verfahren genauer. In der nachfolgenden Tabelle sehen wir das Ausgangsalphabet und die Transposition, die durch die Cäsar-Chiffre erfolgte, indem jeder Buchstabe durch den Buchstaben drei Positionen weiter hinten im Alphabet aus 26 Zeichen ersetzt wurde (die obere Zeile zeigt das Originalalphabet, die untere das chiffrierte Alphabet).

| A | B | C | D | E | F | G | H | I | J | K | L | M | N | O | P | Q | R | S | T | U | V | W | X | Y | Z |
|---|---|---|---|---|---|---|---|---|---|---|---|---|---|---|---|---|---|---|---|---|---|---|---|---|---|
| D | E | F | G | H | I | J | K | L | M | N | O | P | Q | R | S | T | U | V | W | X | Y | Z | A | B | C |

## FILMCODES

Im klassischen Science-Fiction-Film *2001: Odyssee im Weltraum* (1968) unter der Regie von Stanley Kubrick und nach einer Geschichte von Arthur C. Clarke wird ein Supercomputer in einem Raumschiff, HAL 9000, mit Bewusstsein ausgestattet, verfällt schließlich dem Wahnsinn und versucht, die menschliche Crew zu töten. Wenden Sie jetzt die Cäsar-Chiffre mit dem Schlüssel B an, und verschlüsseln Sie das Wort „HAL" damit. Wir erkennen, dass der Buchstabe H dem Buchstaben I entspricht, das A dem Buchstaben B und das L dem Buchstaben M, mit anderen Worten,

„IBM", dem zu dieser Zeit größten Computerhersteller der Welt. Wollte der Film auf die Gefahren der künstlichen Intelligenz oder die Fallstricke ungeregelter Handelsmacht hinweisen? Oder war alles nur ein Zufall?

*Das alles sehende Auge von HAL 9000 aus dem Film* 2001: Odyssee im Weltraum

Wenn die beiden Alphabete, das Original (oder der Klartext) und das chiffrierte Alphabet, auf diese Weise angeordnet werden, um eine Nachricht zu verschlüsseln, werden dazu nur die Buchstaben des einen durch die des anderen ersetzt. Der Schlüssel für die Chiffre wird nach dem Buchstaben benannt, der dem verschlüsselten Wert für A entspricht (dem ersten Buchstaben des Originalalphabets). In diesem Fall ist das der Buchstabe D. Der klassische Ausdruck „AVE CAESAR" (HEIL CAESAR) würde damit als „DYH FDHVDU" verschlüsselt. Wäre beispielsweise die chiffrierte Nachricht „EDXP", wäre die entschlüsselte oder Klartextnachricht „BAUM". Im Fall des hier beschriebenen Cäsar-Codes müsste ein Kryptoanalytiker, der die Nachricht abgefangen hat und den verwendeten Algorithmus, nicht aber den Schlüssel kennt, einfach alle möglichen Neuanordnungen ausprobieren, bis er eine Nachricht gefunden hat, die sinnvoll erscheint. Dazu müsste er höchstens die Gesamtanzahl der Schlüssel bzw. Verschiebungen überprüfen.

## 16 = 4? Modulare Arithmetik und die Mathematik der Cäsar-Chiffre

16 = 4? und 2 = 14? Das ist weder ein Fehler noch ein anderes Zahlensystem. Die Anwendung einer Cäsar-Chiffre kann mit einem Werkzeug formuliert werden, das in der Mathematik sehr gebräuchlich ist und in der Kryptografie noch viel mehr – die Modulare Arithmetik, manchmal auch als „Uhrarithmetik" bezeichnet. Diese Technik hatte ihre Ursprünge in der Arbeit des griechischen Mathematikers Euklid (325 – 265 v. Chr.) und ist eine der Grundlagen der modernen Datensicherheit. In diesem Abschnitt stellen wir die grundlegenden mathematischen Konzepte für diesen speziellen Typ Arithmetik vor.

### DER VATER DER ANALYTISCHEN KRYPTOGRAFIE

Das Hauptwerk von Euklid von Alexandria, *Die Elemente*, besteht aus 13 Bänden, die sich mit Themen wie Ebenengeometrie, Proportionen, den Eigenschaften von Zahlen, irrationalen Zahlen und der räumlichen Geometrie beschäftigen. Obwohl der griechische Mathematiker hauptsächlich mit diesem letzten Bereich in Verbindung gebracht wird, bilden seine Arbeiten zu endlichen Zahlenmengen oder der *Modulo*-Funktion eine der Säulen für die formelle Studie der modernen Kryptografie. Während arabische Studenten dies bereits wussten und bewunderten, erschien die erste moderne europäische Ausgabe der Arbeiten von Euklid 1482 in Venedig. Es kann kein Zufall sein, dass sowohl die Araber als auch die Venetier große Meister der Kryptografie sind.

Betrachten Sie beispielsweise eine klassische analoge Uhr, und vergleichen Sie sie mit einer digitalen Uhr. Die analoge Verteilung der Stunden unterteilt den Kreis in zwölf Teile, die wir als 0, 1, 2, 3, 4, 5, 6, 7, 8, 9, 10 und 11 beschriften. Die äquivalente Nummerierung der Stunden in der zweiten Tageshälfte zwischen einer analogen Uhr und einer digitalen Uhr entnehmen Sie der folgenden Tabelle.

| 0 | 1 | 2 | 3 | 4 | 5 | 6 | 7 | 8 | 9 | 10 | 11 |
|----|----|----|----|----|----|----|----|----|----|----|----|
| 12 | 13 | 14 | 15 | 16 | 17 | 18 | 19 | 20 | 21 | 22 | 23 |

Wenn wir beispielsweise sagen, es ist „14.00 Uhr", dann meinen wir, es ist zwei Uhr nachmittags. Dasselbe Prinzip wird bei der Messung von Winkeln angewendet. Ein 370°-Winkel ist äquivalent mit einem 10°-Winkel, weil Sie vom ersten Wert eine vollständige Umdrehung um 360° abziehen müssen. Beachten Sie, dass $370 = (1 \cdot 360) + 10$ ist und dass 10 auch der Rest ist, wenn wir 370 durch 360 dividieren. Welcher Winkel ist äquivalent zu 750°? Wenn wir die vollständigen Umdrehungen abziehen, stellen wir fest, dass ein 750°-Winkel äquivalent zu einem 30°-Winkel ist. Wir schließen, dass $750 = 2 \cdot 360 + 30$ ist und dass 30 der Rest der Division von 750 durch 360 ist. Die mathematischen Notationen dafür lauten:

$$750 \equiv 30 \ (\mathrm{mod} \ 360)$$

Wir sagen, „750 ist kongruent zu 30 modulo 360". Im Falle der Uhr würden wir schreiben $14 \equiv 2 \ (\mathrm{mod} \ 12)$.

Wir könnten uns auch eine Uhr mit negativen Zahlen vorstellen. Wie spät wäre es in diesem Fall, wenn der Zeiger der Uhr auf −7 steht? Oder mit anderen Worten, wozu wäre −7 kongruent für modulo 12? Wir berechnen dies und denken dabei daran, dass der Wert „0" bei unserer in 12 Teile geteilten Uhr äquivalent zu „12" ist:

$$-7 = -7 + 0 \equiv -7 + 12 = 5$$

---

## BERECHNUNGEN MIT MODULO

Wie berechnet man 231 modulo 17 mit einem Taschenrechner?

Zuerst dividieren wir 231 durch 17 und erhalten 13,58823529.

Anschließend multiplizieren wir das Produkt und erhalten 13 x 17 = 221. Auf diese Weise entfernen wir die Dezimalstellen. Schließlich subtrahieren wir 231 − 221 = 10. Damit erhalten wir den Rest der Division. 231 modulo 17 ist also 10.

---

Die Mathematik der Berechnungen mit unserer analogen, in zwölf Teile unterteilten Uhr wird auch als Arithmetik mit Modulus 12 bezeichnet. Allgemein können wir sagen, dass $a \equiv b$ (mod $m$) ist, wenn der Rest der Division von $a$ und $b$ durch $m$ gleich ist, wobei $a, b$ und $m$ ganze Zahlen sind. Die Zahl $b$ ist insbesondere äquivalent zum Rest, wenn wir $a$ durch $m$ dividieren. Die folgenden Aussagen sind äquivalent:

$$a \equiv b \ (\text{mod} \ m)$$
$$b \equiv a \ (\text{mod} \ m)$$
$$a - b \equiv 0 \ (\text{mod} \ m)$$

$a - b$ ist ein Vielfaches von $m$.

Die Frage „Welche analoge Zeit ist 19 Uhr?" ist in mathematischer Formulierung äquivalent zu der Frage „Wozu ist 19 kongruent modulo 12?". Um diese Frage zu beantworten, müssen wir die folgende Gleichung lösen:

$$19 \equiv x \ (\text{mod} \ 12)$$

Wenn wir 19 durch 12 dividieren, erhalten wir den Quotienten 1 und den Rest 7, also ist

$$19 \equiv 7 \ (\text{mod} \ 12)$$

Und wie ist es bei 127 Stunden? Wir dividieren 127 durch 12 und erhalten den Quotienten 10 und den Rest 7, also ist

$$127 \equiv 7 \ (\text{mod} \ 12)$$

Betrachten wir unter Anwendung des bisher Gelernten die folgenden Operationen mit Modulus 7:

(1) $3 + 3 \equiv 6$

(2) $3 + 14 \equiv 3$

(3) $3 \times 3 = 9 \equiv 2$

(4) $5 \times 4 = 20 \equiv 6$

(5) $7 \equiv 0$

(6) $35 \equiv 0$

(7) $-44 = -44 + 0 \equiv -44 + 7 \times 7 \equiv 5$

(8) $-33 = -33 + 0 \equiv -33 + 5 \times 7 \equiv 2$

(1) 6 ist kleiner als der Modulus, bleibt also unverändert

(2) $3 + 14 = 17$  $\qquad$ $17 : 7 = 14$ Rest 3

(3) $3 \times 3 = 9$  $\qquad$ $9 : 7 = 1$ Rest 2

(4) $5 \times 4 = 20$  $\qquad$ $20 : 7 = 2$ Rest 6

(5) $7 = 7$  $\qquad$ $7 : 7 = 1$ Rest 0

(6) $35 = 35$  $\qquad$ $35 : 7 = 5$ Rest 0

(7) $-44 = -44 + 0$  $\qquad$ $-44 + (7 \times 7) = 5$

(8) $-33 = -33 + 0$  $\qquad$ $-33 + (5 \times 7) = 2$

## MULTIPLIKATIONSTABELLE MOD 5 UNTER VERWENDUNG VON EXCEL

Eine Multiplikationstabelle für Modulo 5 würde wie folgt aussehen:

|   | 0 | 1 | 2 | 3 | 4 |
|---|---|---|---|---|---|
| 0 | 0 | 0 | 0 | 0 | 0 |
| 1 | 0 | 1 | 2 | 3 | 4 |
| 2 | 0 | 2 | 4 | 1 | 3 |
| 3 | 0 | 3 | 1 | 4 | 2 |
| 4 | 0 | 4 | 3 | 2 | 1 |

Solche und andere, ähnliche Tabellen können mit ein bisschen Grundwissen über Excel erstellt werden. In unserem Beispiel haben die Excel-Ausdrücke auf unserem Computer (im Bezug auf unsere Zeilen- und Spaltenpositionen) die nachfolgend gezeigte Syntax. Das Konzept „Rest der Division einer Zahl durch 5" wird als „=REST(Zahl;5)" in die Excel-Sprache übersetzt. Die Anweisung für die Bestimmung des Produkts von 4 x 3 mit Modulus 5 wäre dann „=REST(4*3;5)", eine Operation, die den Wert 2 zurückgibt. Solche Tabellen sind sehr praktisch bei Berechnungen mit der Modularen Arithmetik.

|   | 0 | 1 | 2 | 3 | 4 |
|---|---|---|---|---|---|
| 0 | =REST(B$5*$A6;5) | =REST(C$5*$A6;5) | =REST(D$5*$A6;5) | =REST(E$5*$A6;5) | =REST(F$5*$A6;5) |
| 1 | =REST(B$5*$A7;5) | =REST(C$5*$A7;5) | =REST(D$5*$A7;5) | =REST(E$5*$A7;5) | =REST(F$5*$A7;5) |
| 2 | =REST(B$5*$A8;5) | =REST(C$5*$A8;5) | =REST(D$5*$A8;5) | =REST(E$5*$A8;5) | =REST(F$5*$A8;5) |
| 3 | =REST(B$5*$A9;5) | =REST(C$5*$A9;5) | =REST(D$5*$A9;5) | =REST(E$5*$A9;5) | =REST(F$5*$A9;5) |
| 4 | =REST(B$5*$A10;5) | =REST(C$5*$A10;5) | =REST(D$5*$A10;5) | =REST(E$5*$A10;5) | =REST(F$5*$A10;5) |

Welche Beziehung besteht zwischen der Modularen Arithmetik und der Cäsar-Chiffre? Um diese Frage zu beantworten, schreiben wir zunächst ein konventionelles Alphabet und dann ein Alphabet mit einer Verschiebung um drei Buchstaben auf. Dieser Tabelle fügen wir eine numerische Kopfzeile hinzu, die den 26 Buchstaben entspricht.

| 0 | 1 | 2 | 3 | 4 | 5 | 6 | 7 | 8 | 9 | 10 | 11 | 12 | 13 | 14 | 15 | 16 | 17 | 18 | 19 | 20 | 21 | 22 | 23 | 24 | 25 |
|---|---|---|---|---|---|---|---|---|---|----|----|----|----|----|----|----|----|----|----|----|----|----|----|----|----|
| A | B | C | D | E | F | G | H | I | J | K | L | M | N | O | P | Q | R | S | T | U | V | W | X | Y | Z |
| D | E | F | G | H | I | J | K | L | M | N | O | P | Q | R | S | T | U | V | W | X | Y | Z | A | B | C |

Wir sehen, dass die verschlüsselte Version des Buchstabens Nummer $x$ (im Klartextalphabet) der Buchstabe ist, der an der Position $x + 3$ (ebenfalls im Klartextalphabet) liegt. Es ist also wichtig, eine Transformation zu finden, bei der jeder numerische Wert demselben um drei Stellen verschobenen Wert zugeordnet wird und das Ergebnis modulo 26 zu rechnen. Beachten Sie, dass 3 der Schlüssel der Chiffre ist. Ihre Funktion ist also definiert als:

$$C(x) = x + 3 \ (\text{mod } 26)$$

Dabei ist $x$ der nicht verschlüsselte Wert und $C(x)$ ist der verschlüsselte Wert. Es ist ausreichend, den Buchstaben durch sein numerisches Äquivalent zu ersetzen und die Transformation darauf anzuwenden. Betrachten wir als Beispiel die Nachricht „HARZ", und codieren wir sie.

Das H ist 7, $C(7) = 7 + 3 \equiv 10$ (mod 26), das entspricht K.

Das A ist 0, $C(0) = 0 + 3 \equiv 3$ (mod 26), das entspricht D.

Das R ist 17, $C(17) = 17 + 3 \equiv 20$ (mod 26), das entspricht U.

Das Z ist 25, $C(25) = 25 + 3 = 28 \equiv 2$ (mod 26), das entspricht B.

Die Nachricht „HARZ" ist verschlüsselt mit dem Schlüssel 3 gleich „KDUB".

Ganz allgemein gilt, wenn $x$ die Position des Buchstabens darstellt, den wir codieren möchten (0 für A, 1 für B usw.), wird die Position des verschlüsselten Buchstabens [dargestellt durch $C(x)$] durch die folgende Formel ausgedrückt:

$$C(x) = (x + k) \ (\text{mod } n)$$

Dabei ist $n$ die Länge des Alphabets (im deutschen Alphabet 26), und $k$ ist der Schlüssel, mit dem die verschlüsselte Nachricht entsprechend transformiert wird.

Die Entschlüsselung einer solchen Nachricht erfolgt durch eine Umkehr der Berechnungen, die für die Verschlüsselung angewendet wurden. Für unser Beispiel erfolgt die Entschlüsselung über die Umkehrformel zu der für die Verschlüsselung verwendeten Formel:

$$C^{-1}(x) = (x - k) \ (\mathrm{mod}\ n)$$

Im Fall unserer Nachricht, die mit einer Cäsar-Chiffre als „KDUB" verschlüsselt wurde, mit dem Schlüssel 3 im deutschen Alphabet, haben wir $k = 3$ und $n = 26$, und damit

$$C^{-1}(x) = (x - 3) \ (\mathrm{mod}\ 26)$$

Das Verfahren sieht wie folgt aus:

Für K ist $x = 10$, $C^{-1}(10) = 10 - 3 \equiv 7 \ (\mathrm{mod}\ 26)$, das entspricht H.
Für D ist $x = 3$, $C^{-1}(3) = 3 - 3 \equiv 0 \ (\mathrm{mod}\ 26)$, das entspricht A.
Für U ist $x = 20$, $C^{-1}(20) = 20 - 3 \equiv 17 \ (\mathrm{mod}\ 26)$, das entspricht R.
Für B ist $x = 2$, $C^{-1}(2) = 2 - 3 = -1 \equiv 25 \ (\mathrm{mod}\ 26)$, das entspricht Z.

Die Botschaft „KDUB", verschlüsselt in der Cäsar-Chiffre mit einem Schlüssel von 3, entspricht, wie wir bereits wissen, dem Klartext „HARZ".

Um diesen ersten Vorstoß in die Mathematik der Kryptografie abzuschließen, können wir eine neue Transformation einrichten, auch als affine Chiffre bezeichnet, die die Cäsar-Chiffre verallgemeinert. Die Transformation ist definiert als:

$$C_{(a,b)}(x) = (a \cdot x + b) \ (\mathrm{mod}\ n)$$

Dabei sind $a$ und $b$ zwei ganze Zahlen kleiner als die Anzahl ($n$) der Buchstaben im Alphabet. Der größte gemeinsame Teiler (ggT) von $a$ und $n$ muss 1 sein [ggT$(a, n) = 1$], weil andernfalls die Möglichkeit bestünde, dass derselbe Buchstabe auf unterschiedliche Arten verschlüsselt wird, wie später noch gezeigt. Der Schlüssel der Chiffre wird durch das Paar ($a, b$) festgelegt. Die Cäsar-Chiffre mit einem Schlüssel von 3 wäre damit eine affine Chiffre mit den Werten $a = 1$ und $b = 3$.

Die allgemeinen affinen Chiffren wie diese bieten eine höhere Sicherheit als eine konventionelle Cäsar-Chiffre. Warum? Wie wir gesehen haben, ist der Schlüssel einer affinen Chiffre ein Zahlenpaar ($a, b$). Bei einer Nachricht, die in einem Alphabet aus 26 Buchstaben geschrieben und mit einer affinen Chiffre verschlüsselt wird, können $a$ und $b$ einen beliebigen Wert zwischen 0 und 25 annehmen.

Die Anzahl der möglichen Schlüssel in diesem Verschlüsselungssystem mit einem Alphabet von 26 Buchstaben ist deshalb 25 x 25 = 625. Wir erkennen, dass

## DER GRÖSSTE GEMEINSAME TEILER (GGT)

Der größte gemeinsame Teiler von zwei Zahlen kann über den Euklidschen Algorithmus ermittelt werden. Bei diesem Algorithmus werden zunächst die beiden Zahlen durcheinander dividiert. Anschließend wird die Division mit dem daraus entstandenen Quotienten und dem neuen Rest fortgesetzt. Der Prozess wird beendet, wenn der Rest gleich 0 ist. Der Teiler der letzten Division ist der größte gemeinsame Teiler beider Zahlen. Ein Beispiel:

ggT(48,30)?

48 wird durch 30 dividiert. Wir erhalten den Rest 18 und den Quotienten 1.

30 wird durch 18 dividiert. Wir erhalten den Rest 12 und den Quotienten 1.

18 wird durch 12 dividiert. Wir erhalten den Rest 6 und den Quotienten 1.

12 wird durch 6 dividiert. Wir erhalten den Rest 0 und den Quotienten 2.

Damit ist der Algorithmus abgeschlossen.

Der ggT(48, 30) ist 6.

Wenn der ggT($a$, $n$) = 1 ist, sagt man, $a$ und $n$ sind teilerfremd.

Die Bezout-Identität, in der Kryptografie von größter Bedeutung, besagt, dass es für zwei ganze Zahlen $a$ und $n$ größer 0 ganze Zahlen $k$ und $q$ gibt, sodass gilt: ggT($a$, $n$) = $ka + nq$.

die Anzahl der Schlüssel für ein Alphabet von n Buchstaben $n$-mal größer als die einer Cäsar-Chiffre ist. Das ist eine maßgebliche Zunahme, und dennoch besteht die Möglichkeit einer Brute-Force-Entschlüsselung.

## Agentenspiele

Unter welchen Bedingungen ist es möglich, eine Nachricht zu entschlüsseln, die mit einer affinen Chiffre verschlüsselt wurde, entweder als vorgesehener Empfänger oder als Spion? Wir wollen diese Frage unter Verwendung einer einfachen Chiffre für ein Alphabet aus sechs Buchstaben genauer betrachten:

| 0 | 1 | 2 | 3 | 4 | 5 |
|---|---|---|---|---|---|
| A | B | C | D | E | F |

Der Text wird mit der affinen Chiffre C($x$) = 2$x$ + 1 (mod 6) verschlüsselt.

Das A wird gemäß $C(0) = 2 \times 0 + 1 \equiv 1$ (mod 6) verschlüsselt, das entspricht B.

Das B wird gemäß $C(1) = 2 \times 1 + 1 \equiv 3$ (mod 6) verschlüsselt, das entspricht D.

Das C wird gemäß $C(2) = 2 \times 2 + 1 \equiv 5$ (mod 6) verschlüsselt, das entspricht F.

Das D wird gemäß $C(3) = 2 \times 3 + 1 = 7 \equiv 1$ (mod 6) verschlüsselt, das entspricht B.

Das E wird gemäß $C(4) = 2 \times 4 + 1 = 9 \equiv 3$ (mod 6) verschlüsselt, das entspricht D.

Das F wird gemäß $C(5) = 2 \times 5 + 1 = 11 \equiv 5$ (mod 6) verschlüsselt, das entspricht F.

Die vorgeschlagene affine Chiffre verschlüsselt die Nachrichten „ABC" und „DEF" auf dieselbe Weise, und die Originalnachricht geht verloren. Was ist passiert?

Wenn wir mit einer Chiffre arbeiten, die als $C_{(a,b)}(x) = (ax + b)$ (mod $n$) ausgedrückt wird, können wir die Nachricht nur dann eindeutig entschlüsseln, wenn der $ggT(a,n) = 1$ ist. In unserem Beispiel ist $ggT(2,6) = 2$, damit ist diese Einschränkung nicht erfüllt.

Die mathematische Operation der Entschlüsselung ist äquivalent mit der Bestimmung der Unbekannten $x$ bei gegebenem numerischem Wert $y$ modulo $n$.

$$C_{(a,b)}(x) = (ax + b) = y \text{ (mod } n)$$

$$(ax + b) = y \text{ (mod } n)$$

$$ax = y - b \text{ (mod } n)$$

Mit anderen Worten, wir suchen nach einem Wert $a^{-1}$ (dem Inversen von $a$), womit $a^{-1}a = 1$ erfüllt ist, sodass gilt

$$a^{-1}ax = a^{-1}(y - b) \text{ (mod } n)$$

$$x = a^{-1}(y - b) \text{ (mod } n)$$

Um also eine erfolgreiche Entschlüsselung vorzunehmen, müssen wir das Inverse einer Zahl $a$ im Modulus $n$ berechnen, und um keine Zeit zu vergeuden, müssen wir im Voraus wissen, ob es wirklich ein solches Inverses gibt. Eine affine Chiffre $C_{(a,b)}(x) = (ax + b)$ (mod $n$) hat eine Inverse dann und nur dann, wenn der $ggT(a,n) = 1$ ist.

Bei der affinen Chiffre im Beispiel, $C(x) = 2x + 1$ (mod 6), wollen wir wissen, ob die Zahl $a$, in unserem Fall 2, ein Inverses hat. Das bedeutet, ob es eine ganze Zahl $n$ kleiner als 6 gibt, sodass $2 \cdot n \equiv 1$ (mod 6). Dazu lösen wir nach allen Werten (0, 1, 2, 3, 4, 5) auf:

$$2 \cdot 0 = 0, \ 2 \cdot 1 = 2, \ 2 \cdot 2 = 4, \ 2 \cdot 3 = 6 \equiv 0, \ 2 \cdot 4 = 8 \equiv 2, \ 2 \cdot 5 = 10 \equiv 4$$

Es gibt keinen solchen Wert, daraus können wir schließen, dass 2 kein Inverses hat. Und tatsächlich wissen wir das schon, weil $ggT(2,6) \neq 1$.

Angenommen, wir haben eine codierte Nachricht aufgefangen: „YSFMG". Wir wissen, dass sie mit der affinen Chiffre in der Form $C(x) = 2x + 3$ verschlüsselt und ursprünglich im Spanischen mit einem Alphabet mit 27 Buchstaben (mit einem Ñ nach dem regulären N) geschrieben wurde. Wie lautet die Originalnachricht? Zuerst berechnen wir den ggT(2,27), wofür sich 1 ergibt. Die Originalnachricht kann entschlüsselt werden! Dazu müssen wir die inverse Funktion von $C(x) = 2x + 3$ im Modulus 27 finden:

$$y = 2x + 3$$
$$2x = y - 3$$

Um das $x$ zu isolieren, müssen wir beide Seiten der Gleichung mit dem Inversen von 2 multiplizieren. Das Inverse von 2 im Modulus 27 ist eine ganze Zahl $n$, sodass gilt $2 \cdot n \equiv 1 \pmod{27}$, d. h. 14. Hier die Probe:

Damit erhalten wir
$$14 \cdot 2 = 28 \equiv 1$$
$$x = 14(y - 3)$$

Jetzt können wir die Nachricht entschlüsseln:

Der Buchstabe Y liegt auf Position 25 und ist entschlüsselt $14(25 - 3) = 308 \equiv 11 \pmod{27}$.

Der Buchstabe an Position 11 im Alphabet ist L.

Für den Buchstaben S erhalten wir $14(19 - 3) = 224 \equiv 8 \pmod{27}$, das entspricht dem Buchstaben I.

Für das F erhalten wir $14(5 - 3) = 28 \equiv 1 \pmod{27}$, das entspricht dem Buchstaben B.

Für das M erhalten wir $14(12 - 3) = 126 \equiv 18 \pmod{27}$, das entspricht dem Buchstaben R.

Für G erhalten wir $14(6 - 3) = 42 \equiv 15 \pmod{27}$, das entspricht dem Buchstaben O.

Die entschlüsselte Nachricht ist das spanische Wort „LIBRO" (das heißt auf Deutsch *Buch*).

## Was kommt nach der affinen Chiffre?

Jahrhundertelang basierten die unterschiedlichsten Sicherheitssysteme auf der Idee von Cäsar und seiner Verallgemeinerung in Form der affinen Chiffre. Heute wird jede Chiffre, bei der ein Buchstabe aus der Originalnachricht durch einen anderen Buchstaben ersetzt wird, der um eine bestimmte Anzahl an Stellen verschoben wurde (das müssen nicht unbedingt drei sein), als Cäsar-Chiffre bezeichnet. Einer der wichtigsten Vorteile eines guten Verschlüsselungsalgorithmus ist seine Fähigkeit, eine große Menge an Schlüsseln zu erzeugen. Sowohl die Cäsar- als auch die affine Chiffre sind anfällig gegenüber der Kryptanalyse, weil die maximale Anzahl an Schlüsseln gering ist. Wenn wir jedoch die Einschränkung im Hinblick auf die Buchstabenreihenfolge des verschlüsselten Alphabets aufheben, nimmt die potenzielle Anzahl an Schlüsseln deutlich zu. Die Anzahl der Schlüssel für das Standardalphabet aus 26 Zeichen ist 26! = 403.291.461.126.605.635.584.000.000, das sind 403 Quadrillionen Schlüssel. Ein Codeknacker, der jede Sekunde einen potenziellen Schlüssel überprüft, bräuchte länger als eine Milliarde Mal die erwartete Lebensdauer des Universums, um alle Möglichkeiten zu überprüfen! Ein möglicher Code mit einem allgemeinen Substitutionsalgorithmus könnte wie folgt aussehen:

| (1) | A | B | C | D | E | F | G | H | I | J | K | L | M | N | O | P | Q | R | S | T | U | V | W | X | Y | Z |
|-----|---|---|---|---|---|---|---|---|---|---|---|---|---|---|---|---|---|---|---|---|---|---|---|---|---|---|
| (2) | Q | W | E | R | T | Z | U | I | O | P | A | S | D | F | G | H | J | K | L | Y | X | C | V | B | N | M |

*Zeile (1): Klartext-Alphabet. Zeile (2): Verschlüsseltes Alphabet.*

Die ersten sechs Buchstaben des verschlüsselten Alphabets geben die ausgewählte Reihenfolge an: Sie entspricht der Reihenfolge der Buchstaben auf einer QWERTZ-Tastatur. Um den berühmten Spruch Cäsars „VENI VIDI VICI" („Ich kam, sah und siegte") mit dem QWERTZ-Code zu verschlüsseln, suchen wir für jeden Buchstaben des konventionellen Alphabets nach dem entsprechenden Buchstaben im verschlüsselten Alphabet.

| (1) | A | B | C | D | E | F | G | H | I | J | K | L | M | N | O | P | Q | R | S | T | U | V | W | X | Y | Z |
|-----|---|---|---|---|---|---|---|---|---|---|---|---|---|---|---|---|---|---|---|---|---|---|---|---|---|---|
| (2) | Q | W | E | R | T | Z | U | I | O | P | A | S | D | F | G | H | J | K | L | Y | X | C | V | B | N | M |

Damit erhalten wir die folgende verschlüsselte Nachricht:

CTFO CORO COEO

Es gibt eine sehr einfache Möglichkeit, für diese Verschlüsselungsmethode eine nahezu erschöpfende Anzahl an Codes zu generieren, die man sich leicht merken kann. Dazu ist es ausreichend, ein beliebiges *Schlüsselwort* festzulegen (das kann auch ein Satz sein) und es am Anfang des verschlüsselten Alphabets zu platzieren, wobei das restliche Alphabet in der üblichen Reihenfolg folgt, beginnend mit dem letzten Buchstaben des Schlüsselworts, und wobei darauf zu achten ist, dass keine Buchstaben wiederholt werden. Ein Beispiel dafür wäre etwa „JANUAR CHIFFRE". Zunächst entfernen wir das Leerzeichen und die wiederholten Buchstaben und erhalten damit das Schlüsselwort „JNUCHIE". Das resultierende verschlüsselte Alphabet würde wie folgt aussehen:

| A | B | C | D | E | F | G | H | I | J | K | L | M | N | O | P | Q | R | S | T | U | V | W | X | Y | Z |
|---|---|---|---|---|---|---|---|---|---|---|---|---|---|---|---|---|---|---|---|---|---|---|---|---|---|
| **J** | **N** | **U** | **C** | **H** | **I** | **E** | F | G | K | L | M | O | P | Q | R | S | T | V | W | X | Y | Z | A | B | D |

Die Nachricht „VENI VIDI VICI" würde jetzt als „YHPG YGCG YGUG" verschlüsselt. Dieses System, Codes zu generieren, kann so angeordnet werden, dass Sender- und Empfängerfehler unwahrscheinlich werden, und es ist einfach zu aktualisieren. In unserem Beispiel wäre es ausreichend, den Code jeden Monat zu ändern – beispielsweise von JANUAR CHIFFRE in FEBRUAR CHIFFRE und MAERZ CHIFFRE usw. –, ohne dass die Kommunizierenden noch einmal miteinander in Kontakt treten müssen, nachdem der Code eingerichtet wurde.

Die Zuverlässigkeit und die Einfachheit des Schlüsselwort-Substitutionsalgorithmus machte ihn jahrhundertelang zum bevorzugten Verschlüsselungssystem. In dieser Zeit war man sich ganz allgemein darüber einig, dass die Kryptografen die Oberhand über die Kryptanalyse hatten.

## VERSCHLÜSSELUNG DES WORT GOTTES

Die Kryptanalytiker des Mittelalters glaubten, im Alten Testament Chiffren zu erkennen, und sie haben sich nicht getäuscht. Es gibt mehrere Abschnitte sakraler Texte, die mit einer Substitutions-Chiffre namens *Atbash* verschlüsselt wurden. Diese Chiffre besteht darin, dass ein Buchstabe (*n*) jeweils durch den Buchstaben ersetzt wird, der vom Ende des Alphabets so weit entfernt ist, wie *n* vom Anfang des Alphabets entfernt ist. In unserem Alphabeth beispielsweise wird A durch Z ersetzt, B durch Y usw. In der Originalfassung des Alten Testaments wurden die Substitutionen unter Verwendung der Buchstaben des hebräischen Alphabets ersetzt. In Jeremias (25, 26) wird beispielsweise das Wort „Babel" als „Sheshakh" verschlüsselt.

Hebräische Bibel *aus dem frühen 18. Jahrhundert*

## Häufigkeitsanalyse

Der Koran besteht aus 114 Kapiteln, die jeweils einer der Offenbarungen des Propheten Mohammed entsprechen. Diese Offenbarungen wurden zu Lebzeiten des Propheten von verschiedenen seiner Begleiter aufgeschrieben und später von Abu Bakr gesammelt, dem ersten Kalifen. Umar und Uthman, der zweite und der dritte Kalif, stellten das Projekt fertig. Die fragmentarische Natur der Originalaufzeichnungen führte dazu, dass ein Theologiezweig entstand, der sich mit der genauen Datierung der verschiedenen Offenbarungen beschäftigt. Neben anderen Techniken zur Datierung zählten die Koranschüler die Häufigkeit des Auftretens bestimmter Wörter, die als zum Zeitpunkt der Aufzeichnung neu geprägt galten. Wenn eine Offenbarung genügend dieser neueren Wörter enthielt, konnte begründet geschlossen werden, dass es sich um eine relativ späte Offenbarung handelte.

Koran-Manuskript *aus dem 14. Jahrhundert*

Diese Initiative stellte sich schließlich als das allererste spezifische Kryptanalyse-Werkzeug heraus: die Häufigkeitsanalyse. Die erste Person, die eine schriftliche Aufzeichnung über diese revolutionäre Technik hinterlassen hat, war der Philosoph al-Kindi, der im Jahr 801 in Bagdad geboren wurde. Er war Astronom, Arzt, Mathematiker und Sprachwissenschaftler, hat sich aber hauptsächlich als Kryptanalytiker einen Namen gemacht. Wenn vielleicht nicht der erste, war al-Kindi sicher der wichtigste Kryptanalytiker in der Geschichte.

Bis vor relativ kurzer Zeit war recht wenig über die Pionierarbeit al-Kindis bekannt. 1987 tauchte eine Kopie einer seiner Abhandlungen „über die Entzifferung kryptografischer Botschaften" in einem Archiv in Istanbul auf. Sie enthält eine sehr knappe Zusammenfassung der bahnbrechenden Technik:

„Eine Möglichkeit, eine verschlüsselte Botschaft zu entziffern, vorausgesetzt, wir kennen ihre Sprache, besteht darin, einen anderen Klartext in derselben Sprache zu finden, der ausreichend lang ist, und dann zu zählen, wie oft jeder Buchstabe vorkommt. Wir nennen den häufigsten Buchstaben den ‚ersten', den zweithäufigsten den ‚zweiten' usw., bis wir alle Buchstaben in unserem Text durchgezählt haben. Dann betrachten wir den Geheimtext, den wir entschlüsseln wollen, und ordnen seine Symbole auf dieselbe Weise. Wir ermitteln das häufigste Symbol und ersetzen es durch den ‚ersten' Buchstaben der Klartextprobe, das zweithäufigste Symbol wird zum ‚zweiten' Buchstaben usw., bis wir alle Symbole des zu entschlüsselnden Kryptogramms zugeordnet haben."

Auf vorhergehenden Seiten erwähnt er, dass bei der Substitutions-Verschlüsselungsmethode jeder Buchstabe „seine Position beibehält, aber seine Rolle ändert", und es ist genau dieses beständige „Beibehalten der Position", die eine Häufigkeits-Kryptanalyse möglich macht. Die genialen Arbeiten von al-Kindi kehrten das Gleichgewicht der Kräfte zwischen den Kryptografen und den Kryptanalytikern um, sodass jetzt zumindest eine Zeit lang die Entschlüssler vorne lagen.

## Ein detailliertes Beispiel

So werden Buchstaben in deutschen Texten von der höchsten bis zur niedrigsten Häufigkeit verwendet: E N I S R A T D H U L C G M O B W F K Z P V ß J Y X Q. Die Prozentzahlen für das Auftreten der einzelnen Buchstaben sind in der folgenden Häufigkeitstabelle gezeigt

| A | 6,51 % | H | 4,76 % | O | 2,51 % | V | 0,67 % |
|---|--------|---|--------|---|--------|---|--------|
| B | 1,89 % | I | 7,55 % | P | 0,79 % | W | 1,89 % |
| C | 3,06 % | J | 0,27 % | Q | 0,02 % | X | 0,03 % |
| D | 5,08 % | K | 1,21 % | R | 7,00 % | Y | 0,04 % |
| E | 17,40 % | L | 3,44 % | S | 7,27 % | Z | 1,13 % |
| F | 1,66 % | M | 2,53 % | T | 6,15 % | | |
| G | 3,01 % | N | 9,78 % | U | 4,35 % | | |

Wenn eine Nachricht mit einem wie dem zuvor beschriebenen Substitutionsalgorithmus verschlüsselt wurde, kann sie gemäß der relativen Häufigkeit der Buchstaben der Originalnachricht entschlüsselt werden. Dazu ist es ausreichend, das Auftreten jedes der verschlüsselten Buchstaben zu zählen und diese Häufigkeit mit der Häufigkeitstabelle der Sprache zu vergleichen, in der der Text geschrieben wurde. Wenn also in dem verschlüsselten Text der Buchstabe J am häufigsten vorkommt, dann ist der Buchstabe der Originalnachricht, dem er am wahrscheinlichsten entspricht, in der deutschen Sprache das E. Wenn der zweithäufigste Buchstabe ein Z ist, gelangen wir mit derselben Begründung zu dem Schluss, dass diesem am wahrscheinlichsten das N entspricht. Der Prozess wird für alle Buchstaben des verschlüsselten Texts wiederholt, bis die Kryptanalyse vollständig durchgeführt ist. Offensichtlich kann die Häufigkeitsmethode nicht immer so direkt angewendet werden. Die Häufigkeiten der obigen Tabelle sind nur für den Durchschnitt korrekt. Kurze Texte wie beispielsweise *„Axel geht mit Max zum Boxkampf-Quiz"* haben oft eine relative Häufigkeit der Buchstaben, die sich deutlich von der charakteristischen Häufigkeit der Buchstaben innerhalb der Sprache als Ganzes unterscheidet.

## SHERLOCK HOLMES, KRYPTANALYTIKER

Eine Entschlüsselung per Häufigkeitsanalyse ist eine sehr dramatische Technik, mit der sich schon sehr viele Autoren beschäftigt haben. Die vielleicht berühmteste Geschichte, die auf der Kryptanalyse einer Nachricht basiert, ist *Der Goldkäfer* von Edgar Allan Poe, geschrieben 1843. Im Anhang finden Sie eine detaillierte Beschreibung der fiktiven Nachricht, die Poe darin verschlüsselt hat, ebenso wie ihre makellose Lösung unter Verwendung der Häufigkeitsanalyse. Andere Erzähler wie beispielsweise Jules Verne und Sir Arthur Conan Doyle haben vergleichbare Plots verwendet, um ihre Geschichten möglichst spannend zu machen. In *Die tanzenden Männchen* konfrontiert Doyle seinen Helden Sherlock Holmes mit einer Substitutions-Chiffre, die den Detektiv zwingt, eine Häufigkeitsanalyse durchzuführen. Selbst nach 1.000 Jahren kann uns die geniale Idee von al-Kindi immer noch faszinieren.

*Die erste der codierten Nachrichten, die Sherlock Holmes in* Die tanzenden Männchen *entschlüsseln muss. Wir werden sie hier nicht verraten, um Ihnen den Spaß nicht zu verderben, falls Sie das Buch noch lesen werden. Klar ist jedoch, dass die kleinen Fahnen, die die tanzenden Figuren schwenken, ein wesentliches Element der Chiffre darstellen.*

In Texten mit weniger als 100 Zeichen ist diese einfache Analyse selten von Nutzen. Die Häufigkeitsanalyse ist jedoch nicht auf die Untersuchung von Buchstaben als solche begrenzt. Wir wissen, dass es oftmals unwahrscheinlich ist, dass der häufigste Buchstabe in einem sehr kurzen Chiffretext ein E ist, aber wir können schon etwas sicherer sein, dass die fünf häufigsten Buchstaben wahrscheinlich E, N, I, S und R sind, ohne zu wissen, welcher welchem entspricht. Es gibt Buchstabenpaare, die im Deutschen so gut wie gar nicht auftreten, während andere oft vorkommen. Darüber hinaus ist auch wahrscheinlich, dass selbst bei einem kurzen Text die Vokale in der Regel vor und hinter Gruppen anderer Buchstaben erscheinen, während die Konsonanten mit Vokalen oder mit einer kleinen Anzahl an Buchstaben gruppiert werden. Auf diese Weise können wir vielleicht das E und das I von N, S und R unterscheiden. Wenn wir einige Buchstaben erfolgreich entschlüsselt haben, finden wir Wörter, wo wir nur ein oder zwei Buchstaben entschlüsseln müssen und die uns gestatten, Hypothesen zur Identität dieser Buchstaben aufzustellen. Die Geschwindigkeit unserer Entschlüsselung nimmt zu, je mehr Buchstaben wir entschlüsselt haben.

## Die polyalphabetische Chiffre

Am 8. Februar 1587 wurde Maria Stuart, Königin von Schottland, in Fotheringhay Castle geköpft, nachdem sie des Hochverrats für schuldig befunden worden war. Das Gerichtsverfahren, das zu diesem drastischen Urteil führte, konnte ohne Anlass zum Zweifeln darlegen, dass Maria Stuart mit einer Gruppe katholischer Adliger konspiriert hatte, angeführt von dem jungen Anthony Babington, mit dem Plan, Königin Elizabeth I. von England zu ermorden und stattdessen Maria Stuart an die Spitze eines katholischen Königreichs zu setzen, das sowohl England als auch Schottland umfassen sollte. Der entscheidende Beweis wurde von der Spionageabwehr von Elizabeth geliefert, angeführt von Lord Walsingham. Dieser Beweis bestand aus mehreren Briefen zwischen Mary und Babington, die klar belegten, dass die junge schottische Königin den tödlichen Plan kannte und befürwortete. Die betreffenden Briefe waren mit einem Algorithmus verschlüsselt, der Chiffren und Codes kombinierte. Mit anderen Worten, es wurden nicht nur Buchstaben durch andere Buchstaben ersetzt, sondern man verwendete auch spezifische Symbole, die bestimmte gebräuchliche Wörter ersetzten. Nachfolgend ist das verschlüsselte Alphabet von Maria Stuart gezeigt:

a b c d e f g h i k l m n o p q r s t u x y z

Bis auf die Tatsache, dass Symbole anstelle von Buchstaben verwendet wurden, unterschied sich das verschlüsselte Alphabet von Maria Stuart in keiner Weise von anderen Alphabeten, die jahrhundertelang von Kryptografen auf der ganzen Welt verwendet worden waren. Die junge Königin und ihre Mitverschwörer waren davon überzeugt, dass die Chiffre sicher war, aber leider war der beste Kryptanalytiker von Elizabeth, Thomas Phelippes, ein Experte im Bereich der Häufigkeitsanalyse und konnte die Briefe von Maria Stuart mit Leichtigkeit entschlüsseln. Die Vereitelung der sogenannten Babington-Verschwörung war ein bedeutsames Signal für die Regierungen und Agenten in ganz Europa: Der konventionelle Substitutionsalgorithmus war nicht mehr sicher. Die Kryptografen schienen machtlos angesichts der Leistung der neuen Entschlüsselungswerkzeuge.

Ein Ausschnitt aus einem der Briefe von Maria Stuart, *Königin von Schottland, an ihren Mitverschwörer Anthony Babington, aufgrund dessen sie später zum Tode verurteilt wurde.*

## Die Idee von Alberti

Eine Lösung für das durch die Häufigkeitsanalyse geschaffene Problem wurde jedoch bereits mehr als ein Jahrhundert vor Maria Stuarts Hinrichtung gefunden. Der Erschaffer der neuen Chiffre war niemand Geringerer als Leon Battista Alberti, multitalentierter Wissenschaftler der Renaissance. Häufig besser bekannt als Architekt und Mathematiker, der wichtige Erkenntnisse bei der Untersuchung der Perspektive ableiten konnte, entwickelte Alberti 1460 ein System zur Verschlüsselung, das darin bestand, dem ersten Alphabet ein zweites, verschlüsseltes Alphabet hinzuzuaddieren, wie in der folgenden Tabelle gezeigt:

| (1) | A | B | C | D | E | F | G | H | I | J | K | L | M | N | O | P | Q | R | S | T | U | V | W | X | Y | Z |
|-----|---|---|---|---|---|---|---|---|---|---|---|---|---|---|---|---|---|---|---|---|---|---|---|---|---|---|
| (2) | D | E | F | G | H | I | J | K | L | M | N | O | P | Q | R | S | T | U | V | W | X | Y | Z | A | B | C |
| (3) | M | N | B | V | C | X | Z | L | K | J | H | G | F | D | S | A | P | O | I | U | Y | T | R | E | W | Q |

*Zeile (1) Klartext-Alphabet. Zeile (2) Verschlüsseltes Alphabet. Zeile (3) Verschlüsseltes Alphabet 2.*

Für die Verschlüsselung einer Nachricht schlug Alberti vor, die beiden verschlüsselten Alphabete abwechselnd zu verwenden. In unserem Beispiel kommt für das Wort „HALLO" die Chiffre für den ersten Buchstaben aus dem ersten Alphabet (K), die für den zweiten aus dem zweiten (M), die für den dritten wieder aus dem ersten (O) usw. In unserem Beispiel wird „HALLO" zu „KMOGR" verschlüsselt. Der Vorteil dieses *polyalphabetischen* Verschlüsselungsalgorithmus im Vergleich zu den vorherigen ist leicht zu erkennen – das doppelte L aus dem Klartext wird auf zwei verschiedene Arten verschlüsselt, nämlich mit O und G. Um die Kryptanalytiker weiter zu verwirren, stellt derselbe verschlüsselte Buchstabe zwei unterschiedliche Buchstaben im Klartext dar. Die Häufigkeitsanalyse hat damit einen Großteil ihres Nutzens verloren. Alberti hat seine Idee nie formal in einem Traktat beschrieben, und die Chiffre wurde später unabhängig von ihm mehr oder weniger gleichzeitig von zwei anderen Wissenschaftlern entwickelt, dem Deutschen Johannes Trithemius und dem Franzosen Blaise de Vigenère.

## Das Vigenère-Quadrat

Bei einer Cäsar-Chiffre wird eine monoalphabetische Chiffre verwendet; ein einziges verschlüsseltes Alphabet wird dem Klartextalphabet zugeordnet, sodass ein verschlüsselter Buchstabe immer demselben Klartextbuchstaben entspricht. (Bei der klassischen Cäsar-Chiffre ist D immer ein A, E ist ein B usw.)

Bei einer polyalphabetischen Chiffre dagegen kann ein bestimmter Buchstabe in einer Nachricht mehreren Buchstaben zugeordnet werden, abhängig davon, wie viele verschlüsselte Alphabete verwendet werden. Um einen Text zu verschlüsseln, wird für jeden verschlüsselten Buchstaben des Klartexts jeweils ein anderes verschlüsseltes Alphabet verwendet. Das erste und berühmteste polyalphabetische Chiffre-System wird auch als das Vigenère-Quadrat bezeichnet. Seine Alphabet-Tabelle bestand aus einem Klartext-Alphabet mit *n* Buchstaben, unter dem *n* verschlüsselte Alphabete angeordnet waren, jeweils zyklisch um einen Buchstaben nach links gegenüber dem vorherigen Alphabet darüber verschoben. Mit anderen Worten, eine quadratische Matrix mit 26 Zeilen und 26 Spalten, angeordnet, wie auf der nächsten Seite gezeigt.

Beachten Sie die Symmetrie bei der Zuordnung der Buchstaben. Das Paar $(A, R) = (R, A)$. Diese Beziehung gilt für alle Buchstaben.

| | | A B C D E F G H I J K L M N O P Q R S T U V W X Y Z |
|---|---|---|
| 1 | A | a b c d e f g h i j k l m n o p q r s t u v w x y z |
| 2 | B | b c d e f g h i j k l m n o p q r s t u v w x y z a |
| 3 | C | c d e f g h i j k l m n o p q r s t u v w x y z a b |
| 4 | D | d e f g h i j k l m n o p q r s t u v w x y z a b c |
| 5 | E | e f g h i j k l m n o p q r s t u v w x y z a b c d |
| 6 | F | f g h i j k l m n o p q r s t u v w x y z a b c d e |
| 7 | G | g h i j k l m n o p q r s t u v w x y z a b c d e f |
| 8 | H | h i j k l m n o p q r s t u v w x y z a b c d e f g |
| 9 | I | i j k l m n o p q r s t u v w x y z a b c d e f g h |
| 10 | J | j k l m n o p q r s t u v w x y z a b c d e f g h i |
| 11 | K | k l m n o p q r s t u v w x y z a b c d e f g h i j |
| 12 | L | l m n o p q r s t u v w x y z a b c d e f g h i j k |
| 13 | M | m n o p q r s t u v w x y z a b c d e f g h i j k l |
| 14 | N | n o p q r s t u v w x y z a b c d e f g h i j k l m |
| 15 | O | o p q r s t u v w x y z a b c d e f g h i j k l m n |
| 16 | P | p q r s t u v w x y z a b c d e f g h i j k l m n o |
| 17 | Q | q r s t u v w x y z a b c d e f g h i j k l m n o p |
| 18 | R | r s t u v w x y z a b c d e f g h i j k l m n o p q |
| 19 | S | s t u v w x y z a b c d e f g h i j k l m n o p q r |
| 20 | T | t u v w x y z a b c d e f g h i j k l m n o p q r s |
| 21 | U | u v w x y z a b c d e f g h i j k l m n o p q r s t |
| 22 | V | v w x y z a b c d e f g h i j k l m n o p q r s t u |
| 23 | W | w x y z a b c d e f g h i j k l m n o p q r s t u v |
| 24 | X | x y z a b c d e f g h i j k l m n o p q r s t u v w |
| 25 | Y | y z a b c d e f g h i j k l m n o p q r s t u v w x |
| 26 | Z | z a b c d e f g h i j k l m n o p q r s t u v w x y |

Wir erkennen sofort, dass das Vigenère-Quadrat aus einem Klartext-Alphabet aus *n* Buchstaben besteht, die jeweils gemäß zunehmenden Parametern transformiert werden. Das erste verschlüsselte Alphabet entspricht also der Anwendung einer Cäsar-Chiffre mit den Parametern a = 1 und b = 2. Das zweite verschlüsselte Alphabet ist äquivalent mit einer Cäsar-Chiffre mit b = 3 usw. Der Schlüssel zum Vigenère-Quadrat besteht aus der Kenntnis, welche Buchstaben der Nachricht verschlüsselt sind und wie viele Zeilen wir nach unten gehen müssen, um den entsprechenden verschlüsselten Buchstaben zu finden. Der einfachste Schlüssel besteht darin, für jeden Buchstaben der Originalnachricht um jeweils eine Zeile weiter nach unten zu gehen.

## SPIELE MIT SCHEIBEN

Eine praktische Methode für die Implementierung einer polyalphabetischen Chiffre ist die Verwendung einer sogenannten Alberti-Scheibe. Diese tragbaren Chiffren bestehen aus zwei konzentrischen Scheiben, einer feststehenden, auf der ein konventionelles Alphabet eingraviert ist, und einer beweglichen, auf der ein anderes Alphabet eingraviert ist. Der Sender kann durch Drehen des beweglichen Rings das Klartext-Alphabet so vielen verschiedenen verschlüsselten Alphabeten zuordnen, wie es Einheiten auf dem Ring gibt, die gleich der Anzahl der Buchstaben des verwendeten Alphabets sind. Die von der Alberti-Scheibe erzeugte Chiffre ist relativ robust gegenüber der Häufigkeitsanalyse. Um die Nachricht zu entschlüsseln, muss der Empfänger nur dieselbe Anzahl an Drehungen machen wie der Sender. Die Sicherheit dieser Chiffre ist wie immer davon abhängig, dass die Codes geheim gehalten werden, d. h. die Anordnung des Alphabets auf dem beweglichen Ring ebenso wie die Anzahl der durchgeführten Drehungen. Eine Alberti-Scheibe mit einem einzigen beweglichen Ring, in den ein herkömmliches Alphabet eingraviert ist, unterstützt für jede Drehung eine Cäsar-Chiffre. Vergleichbare Vorrichtungen wurden in Konflikten wie beispielsweise dem Amerikanischen Bürgerkrieg verwendet. Heute findet man sie in Agentenspielen von Kindern.

*Eine von den Konföderierten im Amerikanischen Bürgerkrieg verwendete* Alberti-Scheibe

---

Unser klassischer Satz „VENI VIDI VICI" würde also wie folgt verschlüsselt: Um das erste V zu verschlüsseln, finden wir den entsprechenden Buchstaben in Zeile 2: W. Um das E zu verschlüsseln, finden wir den entsprechenden Buchstaben in Zeile 3: G. Um das N zu verschlüsseln, finden wir den entsprechenden Buchstaben in Zeile 4: Q.

I (Zeile 5): M
V (Zeile 6): A
I (Zeile 7): O
D (Zeile 8): K
I (Zeile 9): Q
V (Zeile 10) : E
I (Zeile 11): S
C (Zeile 12): N
I (Zeile 13): U

## DIPLOMAT UND KRYPTOGRAF

Blaise de Vigenère wurde 1523 in Frankreich geboren. 1549 wurde er von der französischen Regierung in einer diplomatischen Mission nach Rom geschickt, wo er anfing, sich für Kryptografie und verschlüsselte Nachrichten zu interessieren. 1585 schrieb er seine wegweisende Arbeit *Traicté des Chiffres* (Traktat über die Chiffren), die das System der Verschlüsselung beschreibt, die seinen Namen trägt. Dieses Chiffre-System war für fast zwei Jahrhunderte unbezwingbar, bis der Brite Charles Babbage es schließlich entschlüsseln konnte. Lustigerweise wurde dies erst in der Mitte des 20. Jahrhunderts bekannt, als eine Gruppe Wissenschaftler die persönlichen Notizen und Berechnungen von Babbage untersuchte.

Der verschlüsselte Text würde zu „WGQM AOKQ ESNU". Wir erkennen sofort, dass die wiederholten Buchstaben aus dem Originaltext verschwunden sind. Kryptografen sind jedoch bekanntlich immer bestrebt, Codes zu generieren, die einfach zu merken, zu verteilen und zu aktualisieren sind. Es wurden Schlüsselwörter verwendet, die dieselbe Anzahl oder weniger an Buchstaben hatten wie die zu entschlüsselnde Nachricht, um kürzere, einfacher zu handhabende Vigenère-Quadrate zu erhalten. Das Schlüsselwort bildete die jeweils ersten Buchstaben in jeder Zeile (siehe Seite 47), gefolgt vom restlichen Alphabet (wie im vollständigen Quadrat). Anschließend wurde das Schlüsselwort unter den Klartext geschrieben und so oft wie nötig wiederholt. Auf diese Weise führt der Buchstabe im Schlüsselwort unterhalb jedes der Klartextbuchstaben den Kryptografen in die Zeile des Quadrats, der der verschlüsselte Buchstabe entnommen werden soll.

Wenn wir beispielsweise die Nachricht „HEUTE MILCH KAUFEN" mit dem Schlüsselwort „JACKSON" verschlüsseln wollen, sieht das so aus:

| Originalnachricht | H | E | U | T | E | M | I | L | C | H | K | A | U | F | E | N |
|---|---|---|---|---|---|---|---|---|---|---|---|---|---|---|---|---|
| Schlüsselwort | J | A | C | K | S | O | N | J | A | C | K | S | O | N | J | A |
| Verschlüsselte Nachricht | Q | E | W | D | W | A | V | U | C | J | U | S | I | S | N | N |

Die verschlüsselte Nachricht lautet „QEWDWAVUCJUSISNN"

| | A B C D E F G H I J K L M N O P Q R S T U V W X Y Z |
|---|---|
| J | j k l m n o p q r s t u v w x y z a b c d e f g h i |
| A | a b c d e f g h i j k l m n o p q r s t u v w x y z |
| C | c d e f g h i j k l m n o p q r s t u v w x y z a b |
| K | k l m n o p q r s t u v w x y z a b c d e f g h i j |
| S | s t u v w x y z a b c d e f g h i j k l m n o p q r |
| O | o p q r s t u v w x y z a b c d e f g h i j k l m n |
| N | n o p q r s t u v w x y z a b c d e f g h i j k l m |

*Das Vigenère-Quadrat mit den durch das Schlüsselwort JACKSON definierten Zeilen*

Wie bei allen klassischen Verschlüsselungssystemen ist die entschlüsselte Nachricht eines unter Verwendung des Vigenère-Quadrats verschlüsselten Texts symmetrisch zur verschlüsselten Nachricht. Für die Nachricht „WZPKGIMQHQ" mit dem Schlüsselwort „WINDY" erhalten wir:

| Originalnachricht | ? | ? | ? | ? | ? | ? | ? | ? | ? | ? |
|---|---|---|---|---|---|---|---|---|---|---|
| Schlüsselwort | W | I | N | D | Y | W | I | N | D | Y |
| Verschlüsselte Nachricht | W | Z | P | K | G | I | M | Q | H | Q |

Betrachten wir die erste Spalte. Wir wollen die Unbekannte „?" auflösen und wissen, dass (?, W) = W. Dazu sehen wir in der Zeile W im Vigenère-Quadrat auf Seite 44 nach, suchen nach dem W und sehen nach, welcher Spalte es entspricht. Das ist das A. Anschließend suchen wir nach einem Buchstaben mit (?, I) = Z und erhalten R usw. Die Originalnachricht ergibt sich als „ARCHIMEDES". Die historische Bedeutung des Vigenère-Quadrats, die es im Allgemeinen mit anderen polyalphabetischen Chiffren gemeinsam hat, wie beispielsweise der von Gronsfeld (etwa zur selben Zeit entwickelt und im Anhang genauer beschrieben), liegt in der Tatsache, dass es robust gegenüber der Häufigkeitsanalyse ist. Wenn derselbe Buchstabe auf unterschiedliche Weisen verschlüsselt werden kann und es weiterhin möglich bleibt, ihn nachfolgend zu entschlüsseln, wie konnte dann eine wirksame Kryptanalyse durchgeführt werden? Diese Frage sollte für mehr als 300 Jahre unbeantwortet bleiben.

## Alphabete klassifizieren

Obwohl es fast acht Jahrhunderte dauerte, haben die polyalphabetischen Chiffren wie beispielsweise das Vigenère-Quadrat schließlich die Häufigkeitsanalyse überlistet.

Merkwürdigerweise haben monoalphabetische Systeme trotz ihrer Schwächen den Vorteil, dass sie sehr einfach zu implementieren sind. Die Kryptografen haben sich eingehend damit beschäftigt, die Verfahren zu verfeinern und ihre Algorithmen so trickreich wie möglich zu machen, aber grundsätzlich blieben sie immer bei denselben Konzepten wie die einfachsten Chiffren. Eine der erfolgreichsten Varianten des monoalphabetischen Systems war die sogenannte *homophone* Substitutions-Chiffre, die versuchte, potenzielle Angreifer, die die statistische Kryptanalyse verwendeten, abzuwehren, indem sie die Substitutionsraten von Buchstaben mit der höchsten Häufigkeit steigerte. Wenn also der Buchstabe E durchschnittlich zehn Prozent eines Texts in einer beliebigen Sprache darstellte, versuchte eine homophone Substitutions-Chiffre, die Häufigkeit zu verändern, indem sie das E durch zehn alternative Zeichen ersetzte. Solche Methoden wurden bis weit in das 18. Jahrhundert hinein gerne verwendet.

## DIE KRYPTOGRAFEN DES SONNENKÖNIGS

Obwohl außerhalb des Hofs von Ludwig XIV. wenig bekannt, waren die Brüder Antoine und Bonaventure Rossignol während der Umstürze des 17. Jahrhunderts die beiden gefürchtetsten Männer Europas. Sie konnten nicht nur die Nachrichten der Feinde von Frankreich (und der persönlichen Feinde des Königs) entschlüsseln, sondern waren auch sehr erfinderisch als Kryptografen. Sie entwickelten die „Große Chiffre" (Grand Chiffre), einen komplexen Algorithmus mit Silbensubstitutionen, der für die Verschlüsselung der wichtigsten Botschaften des Königs

verwendet wurde. Als die Brüder jedoch starben, wurde die Chiffre nicht mehr genutzt und wurde unentschlüsselbar. Erst 1890 konnte der im Ruhestand befindliche Offizier Étienne Bazeries die beschwerliche Aufgabe meistern, die verschlüsselten Dokumente zu entschlüsseln, und wurde nach jahrelanger harter Arbeit zum ahnungslosen Empfänger der geheimen Botschaften des Sonnenkönigs.

Ludwig XIV., *porträtiert von Mignard*

Die Welt blieb jedoch nicht stehen. Die Entwicklung der großen National-staaten und ihrer jeweiligen diplomatischen Vertretungen führte zu einer deutlich zunehmenden Nachfrage nach sicherer Kommunikation. Weiter verstärkt wurde diese Tendenz durch die Einführung neuer Kommunikationstechnologien, wie bei-spielsweise des Telegrafen, die das Kommunikationsvolumen maßgeblich erhöhten. Die europäischen Staaten richteten sogenannte „schwarze Kammern" ein, die Ak-tivitätszentralen, in denen die sensibelsten Kommunikationen codiert wurden und wo die Nachrichten entschlüsselt wurden, die man von den Gegnern abgefangen hatte. Die professionelle Arbeit innerhalb dieser schwarzen Kammern machte jede Form monoalphabetischer Substitution sofort unsicher, egal, wie stark sie abgewandelt wurde. Schritt für Schritt wechselten die wichtigen Profis im Bereich des Informa-tionsaustauschs zu polyalphabetischen Algorithmen. Nachdem die Kryptanalytiker ihre leistungsstärkste Waffe, die Häufigkeitsanalyse, verloren hatten, waren sie wie-der einmal hilflos gegen die Vormacht der Kryptografen.

## Die anonyme Kryptoanalyse

Der britische Mathematiker Charles Babbage (1791 – 1871) war einer der außer-gewöhnlichsten Wissenschaftler des 19. Jahrhunderts. Er erfand einen frühen me-chanischen Computer, die sogenannte Differenzmaschine, die ihrer Zeit weit voraus war, und interessierte sich für die gesamte Mathematik und Technologie des Zeitalters. Babbage entschied sich dafür, sein Können auf die Entschlüsselung von polyalpha-betischen Algorithmen zu konzentrieren, wobei das Vigenère-Quadrat (siehe Seiten 43 und 47) sein hauptsächliches Ziel war.

Er widmete seine Aufmerksamkeit insbesondere einer Eigenschaft dieser Chiffre. Wir wissen, dass bei der Vigenère-Chiffre das ausgewählte Schlüsselwort die Anzahl der verwendeten verschlüsselten Alphabete bestimmt. War also das Schlüsselwort gleich „WALK", konnte jeder Buchstabe der Originalnachricht auf bis zu vier ver-schiedene Arten verschlüsselt werden. Dasselbe galt für die Wörter. Diese Eigen-schaft war der Ausgangspunkt, von dem aus Babbage die polyalphabetische Chiffre untersuchte. Betrachten wir das folgende Beispiel, das mit dem Vigenère-Quadrat verschlüsselt wurde:

| Originalnachricht | B | Y | L | A | N | D | O | R | B | Y | S | E | A |
|---|---|---|---|---|---|---|---|---|---|---|---|---|---|
| Schlüsselwort | W | A | L | K | W | A | L | K | W | A | L | K | W |
| Verschlüsselte Nachricht | X | Y | W | K | J | D | Z | B | X | Y | D | O | W |

Uns fällt hier sofort auf, dass das Wort „BY" der Originalnachricht in beiden Fällen mit denselben Buchstaben verschlüsselt ist, XY. Das liegt an der Tatsache, dass das zweite BY nach acht Zeichen auftritt, und 8 ein Vielfaches der Anzahl der Buchstaben (vier) im Schlüsselwort (WALK) ist. Anhand dieser Information und mit einem ausreichend langen Originaltext ist es möglich, auf die Länge des Schlüsselworts zu schließen. Das Verfahren sieht wie folgt aus: Sie listen alle wiederholten Zeichen auf und stellen fest, nach wie vielen Zeichen sie sich wiederholen. Anschließend suchen Sie nach ganzzahligen Teilern dieser letztgenannten Zahlen. Die gemeinsamen Teiler sind die Zahlen, die möglicherweise die Länge des Schlüsselworts darstellen.

Angenommen, der wahrscheinlichste Kandidat ist 5, weil dies der gemeinsame Teiler ist, der am häufigsten auftritt. Jetzt müssen wir raten, welchen Buchstaben jeder der fünf Buchstaben des Schlüsselworts entspricht. Wir wissen, dass im Verschlüsselungsprozess jeder Buchstabe des Schlüsselworts im Vigenère-Quadrat eine

*Ein Arbeitsabschnitt der* Differenzmaschine *von Babbage, gebaut 1991 nach den von ihrem Erfinder hinterlassenen Plänen. Das Gerät gestattet die Annäherung logarithmischer und trigonometrischer Funktionen und damit die Berechnung astronomischer Tabellen. Babbage hat die Realisierung seiner Erfindung zu seinen Lebzeiten nicht mehr gesehen.*

monoalphabetische Chiffre des entsprechenden Buchstabens in der Originalnachricht erzeugt. Bei unserem hypothetischen fünfstelligen Schlüsselwort (C1, C2, C3, C4, C5) wird der sechste Buchstabe (C6) mit demselben Alphabet verschlüsselt wie der erste Buchstabe (C1), der siebte (C7) mit demselben Alphabet wie der zweite (C2) usw. Damit hat es der Kryptanalytiker letztlich mit fünf separaten monoalphabetischen Chiffren zu tun, die jeweils mit der herkömmlichen Kryptanalyse lösbar sind.

Der Prozess wird fortgesetzt, indem eine Häufigkeitstabelle für jeden der Buchstaben im verschlüsselten Text mit denselben Buchstaben wie im Schlüsselwort (C1, C6, C11 … und C2, C7, C12 … ) erstellt wird, bis die fünf Buchstabengruppen vorliegen, die sich über die Gesamtlänge der Nachricht erstrecken. Anschließend werden diese Tabellen mit einer Häufigkeitstabelle für die Sprache der Klartextnachricht verglichen, um das Schlüsselwort zu entschlüsseln. Wenn die beiden Datenmengen offensichtlich nicht übereinstimmen, beginnen wir von vorne mit der zweitwahrscheinlichsten Länge des Schlüsselworts. Jetzt identifizieren wir mindestens ein wahrscheinliches Schlüsselwort, sodass nur noch die Nachricht entschlüsselt werden muss. Mit dieser Methode wurde der polyalphabetische Code geknackt.

Die erstaunliche Leistung von Babbage, die er ca. 1854 vollbrachte, blieb nichtsdestotrotz im Verborgenen. Der exzentrische britische Intellektuelle veröffentlichte seine Entdeckung nicht. Erst vor Kurzem haben Untersuchungen seiner Aufzeichnungen uns gezeigt, dass er ein Pionier der Entschlüsselung polyalphabetischer Schlüsselwörter war. Zum großen Glück für die Kryptanalytiker auf der ganzen Welt veröffentlichte jedoch nur wenige Jahre später, 1863, der preußische Offizier Friedrich Krasiski eine vergleichbare Methode.

Unabhängig davon, wer sie als Erster geknackt hat, war die polyalphabetische Chiffre nicht mehr unbezwingbar. Von diesem Zeitpunkt an hing die Stärke einer Chiffre weniger von großartigen algorithmischen Innovationen der Verschlüsselung ab, sondern mehr von der Anzahl potenziell verschlüsselter Alphabete, die so groß sein musste, dass die Anwendung der Häufigkeitsanalyse und ihrer Varianten völlig undurchführbar wurde. Ein parallel dazu verfolgtes Ziel war es, Möglichkeiten zu finden, die Kryptanalyse zu beschleunigen. Beide Felder konvergierten gegen denselben Punkt und ließen denselben Prozess entstehen: die Computerisierung.

# 3. Kapitel
# Codiermaschinen

Im 19. Jahrhundert entwickelte sich der Nutzen von Codes weit über das Senden geheimer Botschaften hinaus. Die Erfindung des Telegrafen im ersten Drittel des Jahrhunderts und dreißig Jahre später die Entwicklung des Zweiwege-Telegrafen von Thomas Alva Edison revolutionierten die Kommunikation und damit die ganze Welt. Da der Telegraf unter Verwendung elektrischer Impulse arbeitet, musste ein System implementiert werden, das den Inhalt der Nachrichten in eine Sprache übersetzt, die eine Maschine ausdrücken – und übertragen – konnte. Mit anderen Worten, man brauchte einen Code. Unter verschiedenen Vorschlägen konnte sich ein System aus Punkten und Strichen durchsetzen, erfunden von dem amerikanischen Künstler und Erfinder Samuel F. B. Morse. Der Morse-Code kann als Vorgänger der Codes betrachtet werden, die viele Jahrzehnte später indirekt von uns verwendet werden, um Daten in Computer einzugeben und Informationen von ihnen zu erhalten.

## Morse-Code

Der Morse-Code stellt die Buchstaben des Alphabets, Zahlen und andere Zeichen durch Kombinationen von Punkten, Strichen und Leerzeichen dar. Auf diese Weise setzt er das Alphabet in einfache Signale um, die mit Licht, Ton oder Strom übertragen werden können. Jeder Punkt stellt eine Zeiteinheit von ca. 1/25-stel einer Sekunde dar, ein Strich ist drei Einheiten lang (das entspricht drei Punkten). Die Leerzeichen zwischen den Buchstaben sind ebenfalls drei Einheiten lang, und fünf Einheiten werden als Abstände zwischen Wörtern verwendet.

Zunächst wurde Morse in den USA und in Europa ein Patent auf seinen Code verweigert. 1843 schließlich erhielt er Gelder von der Regierung, um eine Telegrafenleitung zwischen Washington D.C. und Baltimore einzurichten. 1844 wurde die erste codierte Übertragung durchgeführt, und bald danach wurde ein Unternehmen gegründet, das die ausdrückliche Aufgabe hatte, ganz Nordamerika mit Telegrafenleitungen zu versorgen. 1860, als Napoleon III. Morse den Verdienstorden der „Ehrenlegion" verlieh, waren die USA und Europa bereits von seinen Telegrafendrähten beherrscht. Als Morse 1872 starb, gab es in Amerika mehr als 300.000 km

## NICHTVERBALE KOMMUNIKATION

Weil er schlecht hörte, kommunizierte Thomas Alva Edison (1847–1931) mit seiner Frau Mary Stilwell mithilfe des Morse-Codes. Als er um sie warb, machte Edison ihr einen Heiratsantrag, indem er ihn leicht auf ihre Hand tippte, und sie antwortete auf dieselbe Weise. Der Telegrafencode wurde anschließend ein gebräuchliches Kommunikationsmittel für das Ehepaar, was so weit ging, dass Edison im Theater Marys Hand auf sein Knie legte, sodass sie ihm den Dialog der Schauspieler „telegrafieren" konnte.

Kabel. Anfänglich wurde ein einfaches Gerät verwendet, 1844 von Morse selbst erfunden, um Telegrafennachrichten zu senden und zu empfangen. Das Gerät bestand aus einer Telegrafentaste, die den Strom aktivierte und trennte, sowie einem Elektromagneten, der die eingehenden Signale empfing. Immer wenn die Taste gedrückt wurde – im Allgemeinen mit dem Zeige- oder Mittelfinger –, wurde ein elektrischer Kontakt hergestellt. Die Ein/Aus-Impulse, die durch Drücken der Telegrafentaste erzeugt wurden, wurden in ein Kabel aus zwei Kupferdrähten übertragen. Diese Kabel, die von großen hölzernen Telegrafenmasten getragen wurden, verbanden die verschiedenen Telegrafenstationen des Landes und erstreckten sich häufig über Hunderte von Kilometern.

*Die erste* Telegrafenmaschine von Samuel Morse *aus dem Jahr 1844.*

## SYMPHONIE IN V-DUR

Eine weitere berühmte gehörlose Person, die ebenfalls mit dem Telegrafen in Verbindung gebracht wird, ist Beethoven, in diesem Fall aber eher indirekt: Die ersten vier Takte der *5. Symphonie* des berühmten Komponisten haben einen Rhythmus, der an eine Nachricht in Morse-Code erinnert: „Punkt Punkt Punkt Strich".

Im Morsecode steht „Punkt Punkt Punkt Strich" für den Buchstaben V, das ist der erste Buchstabe des englischen Worts „Victory", also „Sieg". Aufgrund dessen hat die BBC Beethovens Fünfte als Eröffnungsmelodie für Übertragungen in das besetzte Europa während des Zweiten Weltkriegs verwendet.

Der Empfänger enthielt einen Elektromagneten in Form einer Spule aus Kupferdraht, die um einen Eisenkern gewickelt war. Wenn die Spule die Impulse des elektrischen Stroms empfing, die den Punkten und Strichen entsprachen, wurde der Eisenkern magnetisiert und zog ein bewegliches Teil an, ebenfalls aus Eisen. Damit wurde ein spezieller Ton erzeugt, wenn das Teil den Magneten traf. Dieser Ton war ein kurzes „Klicken", wenn ein Punkt empfangen wurde, und ein längeres Signal, wenn ein Strich empfangen wurde. In der ersten Zeit musste für das Senden eines Telegramms mit einem solchen Gerät ein Bediener anwesend sein, um die codifizierte Version der Nachricht am einen Ende einzugeben, und eine andere Person am anderen Ende, die die Nachricht empfing und entschlüsselte. Die Übersetzungen der Standardzeichen des Morse-Codes erfolgten nach der folgenden Tabelle:

| ZEICHEN | CODE | ZEICHEN | CODE | ZEICHEN | CODE | ZEICHEN | CODE | ZEICHEN | CODE | ZEICHEN | CODE |
|---|---|---|---|---|---|---|---|---|---|---|---|
| A | · — | G | — — · | N | — · | U | · · — | 0 | — — | 7 | — — · · · |
| B | — · · · | H | · · · · | O | — — — | V | · · · — | 1 | · — — — — | 8 | — — — · · |
| C | — · — · | I | · · | P | · — — · | W | · — — | 2 | · · — — — | 9 | — — — — · |
| CH | — — — — | J | · — — — | Q | — — · — | X | — · · — | 3 | · · · — — | . | · — · — · — |
| D | — · · | K | — · — | R | · — · | Y | — · — — | 4 | · · · · — | , | — — · · — — |
| E | · | L | · — · · | S | · · · | Z | — — · · | 5 | · · · · · | ? | · · — — · · |
| F | · · — · | M | — — | T | — | | | 6 | — · · · · | " | · — · · — · |

Die Meldung „Ich liebe dich" würde also codiert als:

| I | C | H | | L | I | E | B | E | | D | I | C | H |
|---|---|---|---|---|---|---|---|---|---|---|---|---|---|
| ·· | −·−· | ···· | | ·−·· | ·· | · | −··· | · | | −·· | ·· | −·−· | ···· |

Wie bereits erwähnt, war der Morse-Code gewissermaßen die erste Version zukünftiger digitaler Kommunikationssysteme. Um dieses Konzept zu demonstrieren, könnten wir beispielsweise einfach den Morse-Code in Zahlen umwandeln, nämlich eine 1 für den Punkt und eine 0 für den Strich. Solche Zeichenketten aus 1en und 0en werden in späteren Kapiteln noch öfter vorkommen.

Im 20. Jahrhundert wurde die traditionelle Telegrafie nach der Erfindung des Funks durch die drahtlose Kommunikation ersetzt. Die Telegrafisten aus der Vergangenheit wurden zu Funkern. Diese neue Technologie führte dazu, dass Nachrichten mit einer sehr viel höheren Geschwindigkeit und in Bündeln versendet werden konnten. Die als elektromagnetische Wellen versandten Nachrichten waren jedoch relativ einfach abzufangen. Auf diese Weise erhielten die Kryptanalytiker große Mengen verschlüsselten Materials, mit dem sie arbeiten konnten, und sie konnten ihre vorherrschende Position im Kampf mit den Kryptografen festigen, weil die meisten von Regierungen und privaten Einrichtungen selbst für die sensibelsten Nachrichten verwendeten Chiffren auf bekannten Algorithmen basierten. Dies war auch für die Playfair-Chiffre der Fall, die von den Briten Baron Lyon Playfair und Sir Charles Wheatstone entwickelt wurde. Die Playfair-Chiffre war eine geniale Variante der Polybius-Chiffre, aber letztendlich doch nur eine Variante – eine genauere Beschreibung finden Sie im Anhang.

Trotz der enormen Erfindungsgabe ihrer Entwickler war die Entschlüsselung dieser wiederverwendeten Chiffre letztlich nur eine Frage der Zeit und der Rechenleistung. Die Geschichte der Kryptografie im Ersten Weltkrieg verdeutlicht dies auf perfekte Weise.

## SOS – RETTET UNSERE SEELEN, UNSER SCHIFF

Das berühmteste Signal im Morse-Code ist SOS. Es wurde als Notruf von mehreren europäischen Ländern eingeführt, weil seine Übertragung so einfach ist (drei Punkte, drei Striche, drei Punkte), und es wurde ihm zunächst keine spezifische Bedeutung zugeordnet. Bald gaben die Menschen jedoch dem Signal alternative Bedeutungen. Die berühmteste Langform war „Save our Souls" (Rettet unsere Seelen). Später, als das Signal häufig auf See verwendet wurde, wurde SOS auch häufig als „Save our Ship" (Rettet unser Schiff) übersetzt.

Wir haben bereits von der Schwäche der von der deutschen Diplomatie verwendeten Chiffre berichtet, nämlich anlässlich des Vorfalls mit der Zimmermann-Depesche. Was die Deutschen nicht vermutet hatten: Eine andere ihrer allgemeinen Chiffren, als ADFGVX bezeichnet und für die Verschlüsselung sensibler Nachrichten für die Front verwendet, konnte ebenfalls von den Kryptanalytikern des Gegners entschlüsselt werden, und dies trotz der vermeintlichen Unverwundbarkeit. Anhand dieses doppelten Versagens der deutschen Codes im Ersten Weltkrieg erkannte die gesamte Welt, dass eine sicherere Chiffrierung von Nöten war. Dieses Ziel musste erreicht werden, um die Kryptanalyse schwieriger zu machen.

## 80 Kilometer von Paris

Im Juni 1918 bereiteten sich die deutschen Truppen auf die Besetzung der französischen Hauptstadt vor. Die Alliierten mussten unbedingt herausfinden, wo die feindlichen Einmärsche stattfinden würden. Die deutschen Nachrichten für die Front wurden mit der ADFGVX-Chiffre verschlüsselt, von denen das deutsche Militär annahm, dass sie nicht geknackt werden könne. Unser Interesse an dieser Chiffre hat die Tatsache ausgelöst, dass sie Substitutions- und Transpositionsalgorithmen kombiniert. Dies ist eine der fortschrittlichsten Methoden der klassischen Kryptografie. Sie wurde im März 1918 von den Deutschen eingeführt, und die Franzosen, die noch nie zuvor davon gehört hatten, machten sich sofort verzweifelt an die Entschlüsselung. Glücklicherweise befand sich ein sehr talentierter Kryptanalytiker, Georges Painvin, in der zentralen Chiffre-Abteilung. Er arbeitete Tag und Nacht an der Aufgabe. In der Nacht zum 2. Juni 1918 war Painvin erfolgreich und konnte eine erste Nachricht entschlüsseln. Die ominöse Nachricht für die Front lautete: „Sofortige Munitionslieferung. Auch bei Tage, wenn nicht beobachtet." Der Vorspann der Chiffre zeigte, dass sie von irgendeinem Ort zwischen Montdidier und Compiègne gesendet worden war, etwa 80 km nördlich von Paris. Durch die Leistung von Painvin konnten die Franzosen den Angriff vereiteln und dem deutschen Vorstoß Einhalt gebieten.

Wie bereits erwähnt, besteht die ADFGVX-Chiffre aus zwei Teilen: einer Substitution und einer Transposition. In der ersten Phase – bei der Substitution – haben wir ein 7x7-Raster, wobei die erste Zeile und die erste Spalte jeweils die Buchstaben ADFGVX enthalten (siehe Seite 58). Die restlichen Quadrate des Rasters werden zufällig mit 36 Zeichen gefüllt: den 26 Buchstaben des Alphabets und den Zahlen 0 bis 9. Die Anordnung der Zeichen bildet den Schlüssel für die Chiffre, und der Empfänger benötigt diese Information, um den Inhalt der Nachricht zu verstehen.

Wir verwenden die folgende Grundtabelle:

|   | A | D | F | G | V | X |
|---|---|---|---|---|---|---|
| A | O | P | F | 0 | Z | C |
| D | G | 3 | B | H | 4 | K |
| F | A | 1 | 7 | J | R | 2 |
| G | 5 | 6 | L | D | E | T |
| V | V | M | S | N | Q | I |
| X | U | W | 9 | X | Y | 8 |

Die Chiffre besteht darin, jedes Zeichen der Nachricht in Koordinaten umzuwandeln, wozu die Buchstaben aus der ADFGVX-Gruppe verwendet werden. Die erste Koordinate ist der Buchstabe, der der Zeile entspricht, die zweite Koordinate ist der Buchstabe für die Spalte. Wenn wir beispielsweise die Zahl 4 verschlüsseln wollen, schreiben wir „DV". Die Nachricht „Ziel ist Paris" würde wie folgt verschlüsselt:

| Z | i | e | l | i | s | t | P | a | r | i | s |
|---|---|---|---|---|---|---|---|---|---|---|---|
| AV | VX | GV | GF | VX | VF | GX | AD | FA | FV | VX | VF |

Bis zu dieser Stelle haben wir es mit einer einfachen Substitution zu tun, und für die Entschlüsselung der Nachricht wäre eine Häufigkeitsanalyse ausreichend.

Die Chiffre wendet jedoch eine zweite Phase an – die Transposition. Die Transposition ist von einem zwischen Sender und Empfänger vereinbarten Schlüsselwort abhängig. Diese Phase der Chiffre wird wie folgt umgesetzt: Zuerst erstellen wir eine Tabelle mit so vielen Spalten, wie das Schlüsselwort Buchstaben hat, und füllen die Zellen mit dem verschlüsselten Text. Die Buchstaben des Schlüsselworts werden in die erste Zeile des neuen Rasters geschrieben. In diesem Beispiel verwenden wir das Schlüsselwort BETA. Wir erstellen eine neue Tabelle, wobei die erste Zeile das Schlüsselwort enthält und die folgenden Zeilen die Buchstaben, die durch Codierung der Nachricht durch Substitution entstanden sind. Leere Zellen werden mit der Zahl 0 gefüllt, also AG, wie aus der ersten Tabelle ersichtlich ist.

Wir wenden nun diesen zweiten Prozess auf unsere Nachricht „Ziel ist Paris" an. Unsere durch Substitution erzeugte Chiffre lautete:

| AV | VX | GV | GF | VX | VF | GX | AD | FA | FV | VX | VF | VF |
|----|----|----|----|----|----|----|----|----|----|----|----|----|

Mit der Anwendung von BETA als Schlüsselwort entsteht eine neue Tabelle.

| B | E | T | A |
|---|---|---|---|
| A | V | V | X |
| G | V | G | F |
| V | X | V | F |
| G | X | A | D |
| F | A | F | V |
| V | X | V | F |

Wir setzen die Transpositions-Chiffre fort und ändern die Position der Spalten, sodass die Buchstaben des Schüssels alphabetisch angeordnet sind. Damit erhalten wir die folgende Tabelle:

| A | B | E | T |
|---|---|---|---|
| X | A | V | V |
| F | G | V | G |
| F | V | X | V |
| D | G | X | A |
| V | F | A | F |
| F | V | X | V |

Die verschlüsselte Nachricht wird erzeugt, indem die Buchstaben aus der Tabelle (ohne die Überschriftszeile) spaltenweise hintereinandergeschrieben werden. Für unser Beispiel erhalten wir:

XFFDVFAGVGFVVVXXAXVGVAFV

Wie wir sehen, besteht die Nachricht aus einer scheinbar zufälligen Mischung der Buchstaben A, D, F, G, V und X. Die Deutschen haben diese sechs Buchstaben ausgewählt, weil sie sich beim Senden im Morse-Alphabet sehr unterschiedlich anhören. Außerdem war die telegrafische Übertragung sehr einfach, wenn nur sechs Buchstaben verwendet wurden, und damit auch für wenig erfahrene Bediener leicht zu bewältigen.

Wenn wir noch einmal das Morse-Alphabet vom Kapitelanfang betrachten, erkennen wir, dass die Codes für die einzelnen Buchstaben der ADFGVX-Chiffre wie folgt aussehen:

$$
\begin{aligned}
A &= \cdot - \\
D &= - \cdot \cdot \\
F &= \cdot \cdot - \cdot \\
G &= - - \cdot \\
V &= \cdot \cdot \cdot - \\
X &= - \cdot \cdot -
\end{aligned}
$$

Der Empfänger braucht nur die zufällige Verteilung der Buchstaben und Zahlen aus der Grundtabelle und das zweite Schlüsselwort, um die Verschlüsselung umzukehren und die Nachricht zu ermitteln.

## Die Enigma-Maschine

1919 meldete der deutsche Ingenieur Arthur Scherbius eine Maschine zum Patent an, die darauf ausgelegt war, eine völlig sichere Kommunikation zu unterstützen. Ihr Name, Enigma, wird seither als Synonym für die militärische Geheimhaltung verwendet. Trotz ihrer scheinbaren Komplexität ist die Enigma letztlich nur eine verbesserte Variante der Alberti-Scheibe, wie wir nachfolgend erklären werden.

Aufgrund der einfachen Bedienung und der gleichzeitigen Komplexität der resultierenden Chiffre wurde die Enigma von der deutschen Regierung als das System für die Verschlüsselung eines Großteils ihrer militärischen Kommunikation im

Zweiten Weltkrieg verwendet. Aus diesem Grund wurde die Entschlüsselung des Enigma-Codes zur absoluten Priorität für die Regierungen, die das nationalsozialistische Deutschland bekämpften. Als sie schließlich erfolgreich waren, erwiesen sich die vom alliierten Geheimdienst abgefangenen und entschlüsselten Nachrichten als entscheidend für die Beendigung des Krieges.

Die Geschichte der Entschlüsselung des Enigma-Codes ist faszinierend. Beteiligt waren hauptsächlich die Geheimdienste von Polen und Großbritannien. Zu ihren Helden gehören unter anderem das Mathematikgenie Alan Turing, der Mann, der als Schöpfer der modernen Computer betrachtet wird. Der Versuch, den Enigma-Code zu knacken, führte außerdem zum ersten digitalen Computer der Geschichte. Alles in allem das spektakulärste Ereignis in der langen und bunten Geschichte der militärischen Kryptografie.

Die Enigma-Maschine selbst war ein elektromagnetisches Gerät, das fast wie eine Schreibmaschine aussah. Sie war so speziell, weil ihre mechanischen Kompo-

*Oben links: Deutsche Soldaten transkribieren eine verschlüsselte Nachricht mit einer Enigma-Maschine im Zweiten Weltkrieg. Oben rechts: Nachbau einer Enigma-Maschine mit vier Walzen.*

nenten mit jedem Tastendruck ihre Position wechselten, sodass selbst wenn derselbe Klartextbuchstabe mehrfach hintereinander gedrückt wurde, er sehr wahrscheinlich jedes Mal anders codiert wurde.

Der physische Prozess der Verschlüsselung war relativ einfach. Zunächst ordnete der Sender die verschiedenen Stecker und Walzen der Maschine an einem in dem betreffenden zu diesem Zeitpunkt geltenden Codebuch genau festgelegten Ausgangspunkt an (die Codebücher wurden regelmäßig ausgetauscht). Anschließend gab er den ersten Buchstaben des Klartexts ein. Die Maschine erzeugte automatisch einen alternativen Buchstaben dafür, der in einem beleuchteten Feld erschien – der erste Buchstabe der verschlüsselten Nachricht. Der erste Walzenschalter führte eine

## SCHÜTZENGRABEN-CODES

Während des Krieges ist die Anwendung komplexer Chiffren wie beispielsweise ADFGVX schwer zu realisieren. Im Spanischen Bürgerkrieg (1936–1939) gab es mehrere Substitutionsalgorithmen, wie etwa den folgenden:

| A | B | C | D | E | F | G | H | Y | J |
|---|---|---|---|---|---|---|---|---|---|
| 53,91 | 12,70 | 40,86 | 31 | 27,43 | 24 | 16 | 11 | 40,59 | 22 |
| L | M | N | O | P | Q | S | R | T | U |
| 13 | 15 | 96,66 | 84,39 | 75 | 71 | 28,54 | 28,54 | 19 | 74,44 |

Wie wir sehen, gibt es für mehrere Buchstaben mehrere verschlüsselte Versionen. Das R beispielsweise kann durch 28 oder 54 ersetzt werden. Das Wort „GUERRA" (KRIEG) würde damit als 167427285453 verschlüsselt. Diese Codes, bei denen es sich hauptsächlich um Substitutionscodes handelte, wurden als Schützengraben-Codes bezeichnet und waren für ganz spezielle Zwecke vorgesehen.

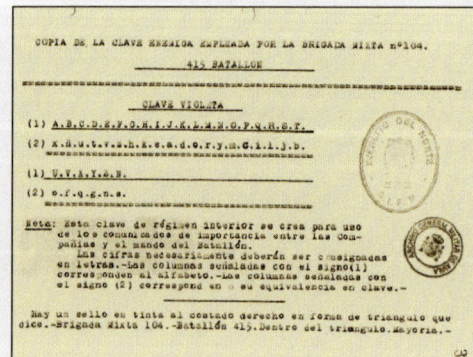

Der Clave Violetta (Violetter Schlüssel, links) wurde vom 415. Bataillon der 104. Republikanischen Brigade verwendet und von der Nationalistenseite abgefangen. Der Hinweis bedeutet: „Die Chiffres müssen unbedingt als Buchstaben dargestellt werden. Die Spalten [Zeilen], die mit (1) gekennzeichnet sind, entsprechen dem Alphabet. Die Spalten, die mit (2) gekennzeichnet sind, entsprechen ihrem Äquivalent im Code."

Drehung aus, die ihn in eine von 26 möglichen Positionen brachte. Die neue Position des Schalters erzeugte eine neue Chiffre für die Buchstaben. Der Fernmelder gab anschließend den zweiten Buchstaben ein usw. Um die Nachricht zu decodieren, mussten einfach nur die verschlüsselten Zeichen in eine andere Enigma-Maschine eingegeben werden, deren Ausgangsparameter genauso eingestellt wurden wie auf der Maschine, mit der die Verschlüsselung durchgeführt wurde. Die Abbildung auf der folgenden Seite zeigt eine stark vereinfachte Darstellung des Verschlüsselungsmechanismus der Enigma, wobei Walzen mit einem Alphabet aus nur drei Buchstaben verwendet werden. Damit hat jede Walze nur drei mögliche Positionen, im Gegensatz zu den 26 Positionen, wie es bei der echten Enigma der Fall war.

Um ein höheres Maß an Geheimhaltung zu erreichen, setzte die Nationalistenseite, geführt von General Franco, eine andere Waffe ein – 30 Stück der sogenannten Enigma-Maschinen, geliefert von den nationalsozialistischen Alliierten. Dies war der erste intensive militärische Gebrauch des Verschlüsselungsgeräts, das Deutschland später im Zweiten Weltkrieg verwenden sollte. Die Briten versuchten, den Code während des spanischen Konflikts zu knacken, blieben aber erfolglos.

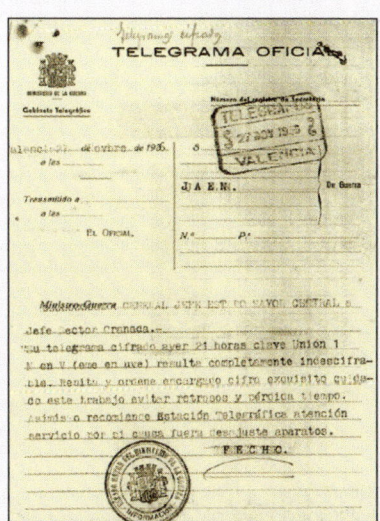

Telegramm (links) vom 27. Oktober 1936 an den Chef des Abschnitts Granada (republikanisch): „Ihr gestern verschlüsseltes Telegramm … erwies sich als nicht zu entschlüsseln."

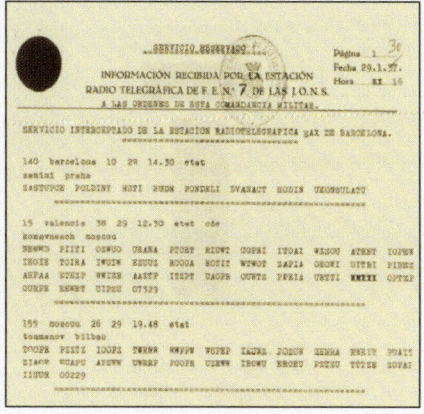

Eine verschlüsselte republikanische Nachricht (rechts), von der spanischen Falangist-Fascist-Bewegung auf den Kanarischen Inseln abgefangen.

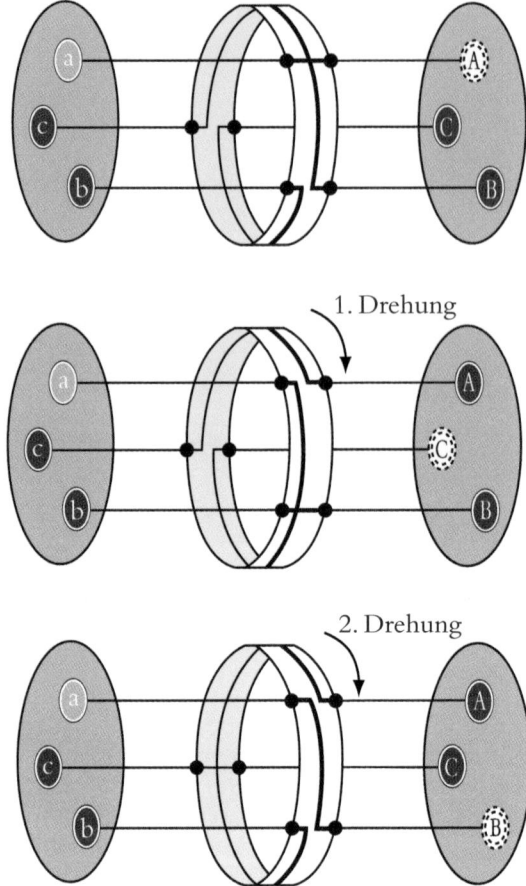

1. Drehung

2. Drehung

Wenn sich die Walze der Enigma-Maschine in der Ausgangsposition befindet, wird jeder Buchstabe der Originalnachricht durch einen anderen ersetzt, außer A, das unverändert bleibt. Nach der Verschlüsselung des ersten Buchstabens dreht sich die Walze um eine Dritteldrehung. In dieser neuen Position werden die Buchstaben jetzt anders substituiert als in der ersten Verschlüsselung. Nachdem der dritte Buchstabe eingegeben wurde, dreht sich die Walze wieder an ihre Ausgangsposition und die Abfolge der Chiffre beginnt von Neuem.

Die Drehschalter einer standardmäßigen Enigma-Maschine hatten 26 Positionen, einen für jeden Buchstaben des Alphabets. Damit konnte eine Walze 26 verschiedene Chiffren erstellen. Der Schlüssel ist also die Ausgangsposition der Walze. Um die Anzahl möglicher Schlüssel zu erhöhen, verwendete das Design der Enigma bis zu drei mechanisch miteinander verbundene Walzen.

Wenn die erste Walze eine Umdrehung abgeschlossen hatte, initiierte die nächste eine weitere usw., bis alle Umdrehungen aller Walzen vollständig durchgeführt waren, woraus sich insgesamt 26 x 26 x 26 = 17.576 mögliche Chiffren ergeben. Darüber hinaus gestattete das Design von Scherbius, die Reihenfolge der Schalter zu vertauschen, sodass noch mehr Codes möglich waren, wie nachfolgend gezeigt.

Neben den drei Walzen hatte die Enigma auch eine Stecktafel zwischen der ers-

*Eine* Enigma-Maschine *mit drei Walzen. Das Gehäuse wurde teilweise geöffnet, um die Stecktafel zu zeigen.*

ten Walze und der Tastatur. Die Stecktafel ermöglichte den Austausch von Buchstabenpaaren, bevor sie mit dem Schalter verknüpft wurden, wodurch die Chiffre noch mit sehr viel mehr Codes ausgestattet wurde. Das Standarddesign der Enigma-Maschine verwendete sechs Kabel, mit denen bis zu sechs Buchstabenpaare ausgetauscht werden konnten. Die folgende Abbildung zeigt die Funktionsweise der Stecktafel für den Austausch, ebenfalls in einer vereinfachten Version mit nur drei Buchstaben und drei Kabeln.

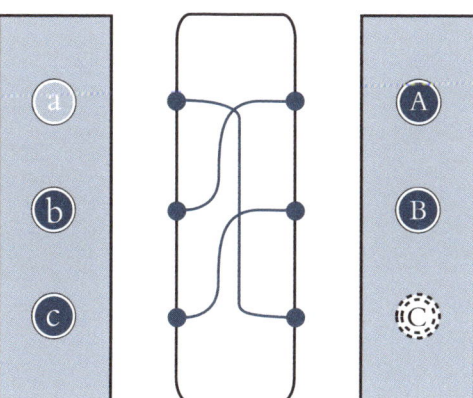

Auf diese Weise werden A mit C, B mit A und C mit B vertauscht. Durch die Einführung einer Stecktafel würde eine vereinfachte Enigma-Maschine mit drei Buchstaben wie folgt funktionieren:

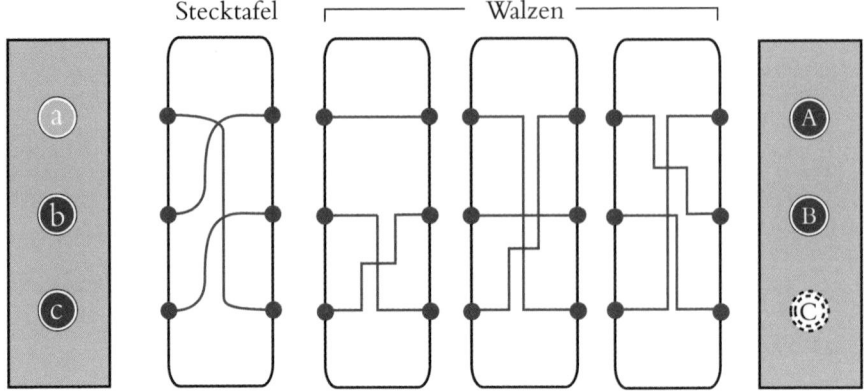

Wie viel mehr Codes hat die scheinbar triviale Ergänzung um die Stecktafel erbracht? Wir müssen überlegen, wie oft die sechs aus einer Gruppe von 26 ausgewählten Buchstabenpaare verbunden werden können. Die mögliche Anzahl der Transformationen von $n$ Buchstabenpaaren aus einem Alphabet mit $N$ Zeichen berechnet sich nach der folgenden Formel:

$$\frac{N!}{(N-2n)!\cdot n!\cdot 2^n}$$

In unserem Beispiel sind $N = 26$ und $n = 6$, und wir erhalten läppische 100.391.791.500 Kombinationen.

Die Gesamtzahl der von der Enigma-Maschine mit drei 26-Buchstaben-Walzen und einer Stecktafel mit sechs Kabeln unterstützten Chiffren ergibt sich also wie folgt:

1. Durch die Drehungen der Drehschalter, $26^3 = 26 \cdot 26 \cdot 26 = 17.576$ Kombinationen.
2. Analog dazu können die drei Walzen (1, 2, 3) aufeinander einwirken und die Positionen 1-2-3, 1-3-2, 2-1-3, 2-3-1, 3-1-2 und 3-2-1 belegen. Damit erhalten wir sechs mal mehr mögliche Kombinationen.
3. Schließlich haben wir berechnet, dass die Anordnung der sechs Kabel der Stecktafel weitere 100.391.791.500 zusätzliche Chiffren ergibt.

Die Gesamtzahl der Chiffren berechnet sich als das Produkt der verschiedenen ermittelten Kombinationen, $6 \cdot 17.576 \cdot 100.391.791.500 = 10.586.916.764.424.000$. Die Enigma-Maschinen konnten also einen Text in mehr als 10.000 Billionen unterschiedliche Kombinationen verschlüsseln. Das Deutsche Reich war des unerschütterlichen Glaubens, dass seine Kommunikation auf der höchsten Ebene absolut sicher sei. Ein großer Irrglaube.

## Entschlüsselung des Enigma-Codes

Erstens legt ein Enigma-Schlüssel die Konfiguration der Stecktafel für jede der sechs möglichen Buchstabenvertauschungen fest – z. B. B/Z, F/Y, R/C, T/H, E/O und L/J. Das bedeutet, das erste Kabel vertauscht die Buchstaben B und Z usw. Zweitens gibt der Schlüssel die Reihenfolge der Walzen an (z. B. 2-3-1), und schließlich noch die Ausgangsstellung der Walzen (z. B. R, V, B, womit angegeben wird, welche Buchstaben sich am Anfangspunkt oder an der Indexmarkierung befinden). Diese Einstellungen wurden in Codebüchern festgehalten, die selbst wiederum in verschlüsselter Form übertragen wurden und sich von einem Tag auf den anderen ändern konnten, wenn die Umstände dies erforderlich machten. Einige Schlüssel waren beispielsweise für bestimmte Nachrichtentypen reserviert.

Um zu vermeiden, dass sich den ganzen Tag derselbe Code wiederholt – mit dem Tausende von Nachrichten gesendet wurden –, wendeten die Bediener der Enigma verschiedene raffinierte Tricks an, um neue Codes für eine eingeschränkte Nutzung zu übertragen, ohne das gesamte Buch der gemeinsam genutzten Codes abändern zu müssen. Beispielsweise sendete der Versender eine aus sechs Buchstaben bestehende Nachricht, codiert gemäß dem anwendbaren Tagescode, bei der es sich eigentlich um eine neue Menge an Indexmarkierungen für die Walzen handelte, beispielsweise T-Y-J. (Um eine erhöhte Sicherheit zu gewährleisten, codierte der Sender diese drei Anweisungen zweimal, daher die sechs Buchstaben). Anschließend codierte er die eigentliche Nachricht mit dieser neuen Anordnung. Der Empfänger erhielt eine Nachricht, die er mit dem Tagescode nicht entschlüsseln konnte, aber er wusste, dass die ersten sechs Buchstaben eigentlich Anweisungen waren, um die Walzen in eine andere Position zu bringen. Der Empfänger führte dies aus, behielt die Stecktafel und die Reihenfolge der Walzen unverändert bei und konnte damit die Nachricht ordnungsgemäß entschlüsseln. Die Alliierten erhielten die erste auswertbare Information über die Enigma 1931 von einem deutschen Spion, Hans-Thilo Schmidt. Diese Information bestand aus mehreren Handbüchern für die praktische Anwendung der

Maschine. Der Kontakt mit Schmidt wurde über den französischen Geheimdienst hergestellt, der die Informationen anschließend mit seinen polnischen Kollegen austauschte. Die polnische Kryptanalyse-Abteilung, das *Biuro Szyfrów* (Chiffre-Büro), machte sich mit den Dokumenten von Schmidt und mehreren von den Deutschen gestohlenen Enigma-Maschinen ans Werk. Das polnische Codeknacker-Team beschäftigte sehr viele Mathematiker, was zu dieser Zeit eher unüblich war. Unter anderem handelte es sich dabei um einen talentierten, introvertierten und schüchternen junger Mann von 23 Jahren namens Marian Rejewski. Er konzentrierte sich sofort auf die Sechs-Buchstaben-Codes, die vielen der täglich von den Deutschen ausgetauschten Nachrichten vorangingen. Rejewski hatte die Theorie, dass die zweiten drei Buchstaben des Codes eine neue Chiffre der ersten drei waren, und er konnte daraus ableiten, dass der vierte, fünfte und sechste Buchstabe einen Hinweis auf die Drehung der Walzen geben könnten.

Auf dieser winzigen Erkenntnis baute Rejewski ein außergewöhnliches Netzwerk an Schlussfolgerungen auf, das schließlich dazu führte, dass der Enigma-Code gebrochen werden konnte. Die Details dieses Verfahrens sind sehr komplex, und wir werden sie hier nicht genauer ausführen. Tatsache ist, dass Rejewski nach ein paar Monaten die Anzahl der möglichen Codes, die entschlüsselt werden mussten, von 10.000 Milliarden auf nur 105.456 reduziert hatte, die sich aus den verschiedenen Kombinationen der Schalterreihenfolgen und ihrer verschiedenen Drehungen ergaben. Dazu baute Rejewski ein Gerät, das auch als die „Bombe" bezeichnet wurde und das ebenso wie die Enigma funktionierte und die möglichen Positionen der drei Walzen bei der Suche nach dem Tagescode simulieren konnte. Schon 1934 hatte das Biuro Szyfrów die Enigma geknackt und konnte jede Nachricht innerhalb von 24 Stunden entschlüsseln. Obwohl die Deutschen nicht wussten, dass die Polen die Sicherheit der Enigma durchbrochen hatten, nahmen sie weiterhin Verbesserungen an dem System vor, das schließlich schon sehr mehr als zehn Jahren in Betrieb war. 1938 erhielten die Bediener der Enigma zwei weitere Walzen, die den drei Standardpositionen hinzugefügt wurden, und kurz danach wurden neue Modelle der Maschine mit Stecktafeln mit zehn Kabeln verteilt.

Plötzlich nahm die Anzahl möglicher Codes auf über 159 Trillionen zu. Die Einführung allein der beiden zusätzlichen Walzen zur Schalterdrehung steigerte die möglichen Kombinationen der Anordnungen von sechs auf 60. Das bedeutet, eine der fünf Walzen in der ersten Position (fünf Optionen), multipliziert mit einer der vier weiteren Walzen an der zweiten Position (vier Optionen), multipliziert mit einer der drei Walzen an der dritten Position (drei Optionen) = 5 x 4 x 3 = 60. Obwohl das *Biuro*

*Szyfrów* wusste, wie der Code zu entschlüsseln war, hatte es nicht die erforderlichen Mittel, um 10-mal so viele neue Walzenkonfigurationen gleichzeitig zu analysieren.

*Einige Varianten der* Enigma-Maschine.

## Die Briten übernehmen

Die Aufrüstung auf das Enigma-System war kein Zufall: Deutschland hatte mit seiner aggressiven Ausdehnung über ganz Europa begonnen, Tschechien und Österreich waren bereits annektiert, und man plante den Einmarsch nach Polen. 1939 war der Konflikt im Herzen Europas ausgebrochen, und ihr Land war erobert worden, deshalb überließen die Polen alle ihre Enigma-Maschinen und ihr gesamtes Wissen den britischen Alliierten, die im August dieses Jahres beschlossen, ihre zuvor verteilten Kryptanalyse-Einheiten zusammenzuziehen. Der ausgewählte Standort war eine Villa am Rande von London, in einem Ort namens Bletchley Park. Das Team in Bletchley Park wurde durch einen brillanten neuen Kryptanalytiker ergänzt, Alan Turing. Turing war eine weltweite Koryphäe im Bereich der Computer, die damals noch nicht wirklich geboren waren, und offen für neue und revolutionäre Entwicklungen. Die Entschlüsselung der verbesserten Enigma-Maschinen erwies sich als treibende Kraft für mehrere wichtige große Weiterentwicklungen im Bereich der Computer.

*Experten an der Arbeit in* **Bletchley Park,** *wo der Enigma-Code entschlüsselt wurde.*

Die Experten in Bletchley Park konzentrierten sich auf kurze Fragmente verschlüsselten Texts, von denen sie vermuteten, welchen Klartextsegmenten sie zuzuordnen waren. Dank ihrer Spione beispielsweise war bekannt, dass die Deutschen die Gewohnheit hatten, täglich von verschiedenen Standorten an der Frontlinie aus eine codierte Nachricht über die meteorologischen Bedingungen zu senden. Aus diesem Grund waren sie so gut wie sicher, dass eine Nachricht, die unmittelbar nach dieser Uhrzeit aufgefangen wurde, eine verschlüsselte Version von Klartexten wie „Wetter" oder „Regen" enthielt. Turing erfand ein elektrisches System, das die Reproduktion aller 1.054.650 möglicher Kombinationen der Reihenfolge und Position der drei Walzen in weniger als fünf Stunden gestattete. Dieses System wurde mit den verschlüsselten Wörtern gefüttert, für die aufgrund der Länge der Zeichen und anderer Hinweise vermutet wurde, dass sie Fragmenten des Klartexts entsprachen, wie beispielsweise den oben genannten Wörtern „Wetter" oder „Regen".

Angenommen, sie vermuteten, dass der verschlüsselte Text „FGRT" eine verschlüsselte Version von „Brot" war. Die Chiffre wurde in die Maschine eingegeben, und wenn es eine Kombination der Walzen gab, die das Wort „Brot" als Ergebnis erzeugte, wussten die Kryptanalytiker, dass sie die Codes gefunden hatten, die der Konfiguration der Drehschalter entsprach. Anschließend gab der Bediener den verschlüsselten Text in eine reale Enigma-Maschine ein, deren Walzen wie im Code vorgegeben angeordnet waren. Wenn die Maschine beispielsweise einen entschlüsselten Text TORB ergab, war klar, dass der Teil des Codes für die Position der Stecktafelkabel die Transpositionen der Buchstaben T und B umfasste.

Auf diese Weise erhielten sie den gesamten Code. Die Geheimnisse der Enigma waren definitiv gelöst. Bei der Entwicklung und Verfeinerung der oben genannten Analysemechanismen baute das Team in Bletchley Park den ersten digitalen und programmierbaren Computer der Geschichte. Sie tauften ihn Colossus.

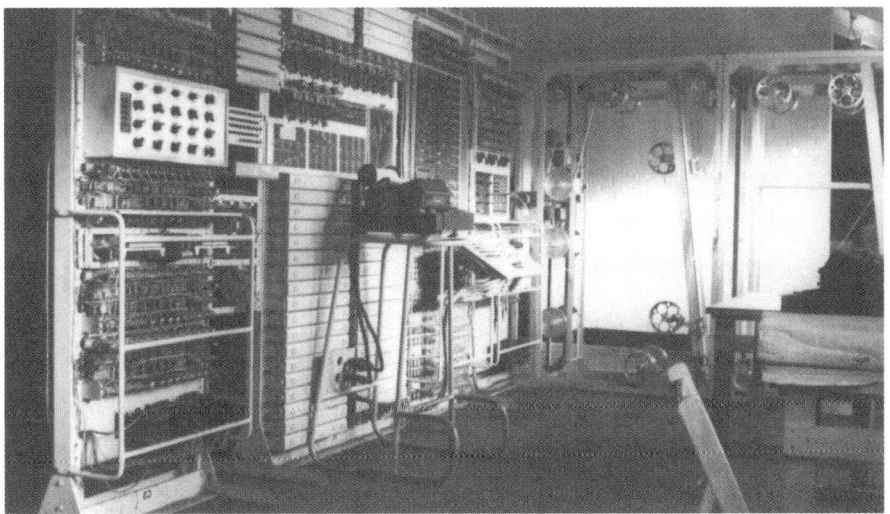

Colossus, *der Vorläufer der modernen Computer, in Bletchley Park.*
*Das 1943 aufgenommene Foto zeigt das Bedienfeld des komplizierten Geräts.*

## Weitere Chiffren aus dem Zweiten Weltkrieg

Japan entwickelte zwei eigene Codiersysteme: Purple und JN-25. Das erste wurde für die diplomatische Kommunikation verwendet, das zweite zum Senden militärischer Nachrichten. Beide Chiffren wurden von mechanischen Geräten generiert. JN-25 beispielsweise bestand aus einem Substitutionsalgorithmus, der die japanischen Schriftzeichen (bis zu 30.000 Stück) in mehrere Zahlen übersetzte, die jeweils in Zufallstabellen von fünf Zahlengruppen vorgegeben waren. Trotz der von den Japanern ergriffenen Vorsichtsmaßnahmen knackten die Briten und die Amerikaner die Codes Purple und JN-25. Die Informationen, die dank der abgefangenen Purple- und JN-25-Chiffren gewonnen wurden, erhielten den Codenamen Magic und übten einen maßgeblichen Einfluss auf entscheidende Gefechte im Krieg auf dem Pazifik aus, insbesondere die Schlacht in der Korallensee sowie die Schlacht um Midway, beide 1942. Die Magic-Informationen wurden auch genutzt, um strategische Missionen zu planen, wie beispielsweise das Abfangen und Abschießen des Flugzeugs des japanischen Militärbefehlshabers Admiral Yammamoto im darauffolgenden Jahr.

## EIN BRILLANTER DENKER

Alan Turing (links) wurde 1912 in England geboren. Schon in jungen Jahren zeigte er größtes Interesse an Mathematik und Physik. 1931 ging er auf die Universität nach Cambridge, wo er sich vor allem für die Arbeiten des Logikers Kurt Gödel zum allgemeinen Problem der inhärenten Unvollständigkeit logischer Systeme interessierte. Drei Jahre zuvor hatte er eine Untersuchung der theoretischen Möglichkeiten veröffentlicht, Maschinen zu bauen, die in der Lage sein sollten, verschiedene Algorithmen zu berechnen, beispielsweise Addition, Multiplikation usw. 1937 brachte Turing

seine Ideen zu den Grenzen von Beweisbarkeit und Berechenbarkeit einen Schritt voran und legte die Grundlagen einer „universellen Maschine", die in der Lage war, alle denkbaren Algorithmen zu berechnen. Damit war einer der Grundpfeiler der modernen IT geboren. Zwei Jahre zuvor hatte sich Turing mit dem hervorragenden ungarischen Mathematiker János von Neumann getroffen, der damals in den USA lebte und besser unter dem Namen John bekannt war. Von Neumann, der andere „Vater" der Computer, bot Turing einen Job in Princeton an, eine gut bezahlte und sehr angesehene Position. Turing zog jedoch die unkonventionelle Atmosphäre in Cambridge vor und lehnte das Angebot ab. 1939, als der Krieg ausbrach, trat er dem Kryptanalyse-Team der Briten in Bletchley Park bei. Seine Arbeit im Krieg brachte ihm einen OBE (Order oft he British Empire) ein, aber Turing war homosexuell – was zu diesem Zeitpunkt verboten war – und durfte aufgrund einer Verurteilung 1952 nicht mehr an geheimen Regierungsprojekten arbeiten. Sehr getroffen von der Ablehnung und einer gerichtlich erzwungenen Hormonbehandlung beging Alan Turing am 8. Juni 1954 Selbstmord, indem er Zyankali schluckte.

# Die Navajo-Code-Sprecher

Während die USA die vom Gegner abgefangenen Informationen über die Operationen auf dem Pazifik gut für sich nutzen konnten, verwendete man für die eigene Kommunikation des US-amerikanischen Militärs verschiedene Codes – im strengen Sinne des Wortes, wie zu Beginn des Buches beschrieben. Die Verschlüsselungsalgorithmen setzten direkt auf den Wörtern auf. Diese Codes – Choctaw, Comanche, Meskwaki und vor allem Navajo – wurden nicht explizit in komplizierten Handbüchern beschrieben, und sie wurden auch nicht von einer gewieften Kryptografen-Abteilung geplant: Es handelte sich dabei einfach um authentische Sprachen der amerikanischen Ureinwohner.

Die US-Army setzte Funker aus diesen Ureinwohnergruppen in verschiedenen Einheiten entlang der Front ein und beauftragte sie damit, die Nachrichten in ihrer jeweils eigenen Sprache zu übertragen, die nicht nur für die Japaner unbekannt war, sondern auch für die restlichen amerikanischen Streitkräfte. Diesen verschlüsselten Nachrichten wurde eine Menge von Basiscodes überlagert, um zu verhindern, dass ein gefangener Soldat gezwungen werden könnte, sie zu übersetzen. Diese „Code-Sprecher" dienten in den amerikanischen Einheiten bis zum Koreakrieg

*Zwei „Navajo-Code-Sprecher" in der Schlacht von Bougainville 1943.*

# Innovationen: die Hill-Chiffre

Die bisher beschriebenen Chiffren, bei denen ein Zeichen auf vordefinierte Weise durch ein anderes Zeichen ersetzt wird, sind immer empfindlich gegen die Aufdeckung durch die Kryptanalyse, wie wir gesehen haben.

1929 erfand der US-amerikanische Mathematiker Lester S. Hill ein neues Chiffriersystem, für das er ein Patent anmeldete und das er – erfolglos – zum Kauf anbot. Dieses System verwendete eine Kombination aus Modulo-Arithmetik und linearer Algebra.

Wie wir nachfolgend sehen, kann eine Matrix ein sehr praktisches Werkzeug für die Verschlüsselung einer Nachricht sein, indem der Text in Buchstabenpaare zerlegt wird und jedem Buchstaben ein numerischer Wert zugeordnet wird.

Für die Verschlüsselung einer Nachricht verwenden wir eine Matrix:

$$A = \begin{pmatrix} a & b \\ c & d \end{pmatrix}$$

Dabei gilt die Einschränkung, dass ihre *Determinante* gleich 1 sein muss, d. h. $ad - bc = 1$. Für die Entschlüsselung verwenden wir die inverse Matrix:

$$A^{-1} = \begin{pmatrix} d & -b \\ -c & a \end{pmatrix}$$

---

## EIN CRASHKURS IN LINEARER ALGEBRA

Eine Matrix kann definiert werden als Tabelle, die in Zeilen und Spalten angeordnet ist. Eine 2x2-Matrix hat die Form:

$$\begin{pmatrix} a & b \\ c & d \end{pmatrix}$$

Eine 2x1-Matrix hat die Form:

$$\begin{pmatrix} x \\ y \end{pmatrix}$$

Das Produkt dieser beiden Matrizen führt uns zu einer neuen 2x1-Matrix, einem sogenannten *Spaltenvektor*:

$$\begin{pmatrix} a & b \\ c & d \end{pmatrix} \begin{pmatrix} x \\ y \end{pmatrix} = \begin{pmatrix} ax + by \\ cx + dy \end{pmatrix}$$

Bei einer 2x2-Matrix wird der Wert *ad-bc* als die Determinante der Matrix bezeichnet.

---

Die Einschränkung im Hinblick auf den Wert der Determinante stellt sicher, dass die inverse Matrix als Entschlüsselungswerkzeug funktioniert. Man kann sagen, für ein Alphabet aus $n$ Zeichen ist es erforderlich, dass der ggT (die Determinante von A, $n$) = 1 ist. Wäre das Gegenteil der Fall, könnte die Existenz der Inversen in der Modulo-Arithmetik nicht gewährleistet werden.

Setzen wir unser Beispiel fort und betrachten ein Alphabet mit 26 Buchstaben und einem „Leerzeichen", hier das Zeichen @. Wir weisen jedem Zeichen einen numerischen Wert zu, wie in der folgenden Tabelle gezeigt.

| A | B | C | D | E | F | G | H | I | J | K | L | M | N | O | P | Q | R | S | T | U | V | W | X | Y | Z | @ |
|---|---|---|---|---|---|---|---|---|---|---|---|---|---|---|---|---|---|---|---|---|---|---|---|---|---|---|
| 0 | 1 | 2 | 3 | 4 | 5 | 6 | 7 | 8 | 9 | 10 | 11 | 12 | 13 | 14 | 15 | 16 | 17 | 18 | 19 | 20 | 21 | 22 | 23 | 24 | 25 | 26 |

Um Werte zwischen 0 und 26 zu erhalten, arbeiten wir im Modulus 27.

Die Verschlüsselung und Entschlüsselung des Texts findet wie folgt statt: Zuerst legen wir eine verschlüsselte Matrix A mit der Determinante 1 fest.

Beispielsweise $A = \begin{pmatrix} 1 & 3 \\ 2 & 7 \end{pmatrix}$

Die entschlüsselte Matrix ist die inverse Matrix $A^{-1} = \begin{pmatrix} 7 & -3 \\ -2 & 1 \end{pmatrix}$

Damit ist A der Schlüssel der Chiffre, $A^{-1}$ ist der Schlüssel für die Entschlüsselung.

Beispielsweise erstellen wir nachfolgend die Nachricht „BOY". Die Buchstaben der Nachricht sind paarweise gruppiert: BOY@. Ihre numerischen Äquivalente gemäß der Tabelle sind die Zahlenpaare (1, 14) und (24, 26). Jetzt multiplizieren wir die Matrix A mit jedem Zahlenpaar.

Verschlüsselt „BO" = BO = $\begin{pmatrix} 1 & 3 \\ 2 & 7 \end{pmatrix} \begin{pmatrix} 1 \\ 14 \end{pmatrix} = \begin{pmatrix} 43 \\ 100 \end{pmatrix} \equiv \begin{pmatrix} 16 \\ 19 \end{pmatrix}$ (mod 27)

Gemäß der Tabelle entspricht dies den Buchstaben (Q, T).

Verschlüsselt „Y@" = Y @ = $\begin{pmatrix} 1 & 3 \\ 2 & 7 \end{pmatrix} \begin{pmatrix} 24 \\ 26 \end{pmatrix} = \begin{pmatrix} 102 \\ 230 \end{pmatrix} \equiv \begin{pmatrix} 21 \\ 14 \end{pmatrix}$ (mod 27)

Das entspricht den Buchstaben (V, O).

Die Meldung „BOY" wird als „QTVO" verschlüsselt.

Für die Entschlüsselung wird die inverse Operation mit der folgenden Matrix durchgeführt:

$$A^{-1} = \begin{pmatrix} 7 & -3 \\ -2 & 1 \end{pmatrix}$$

Wir nehmen das Buchstabenpaar (Q, T) und suchen die numerischen Äquivalente in der Tabelle: (16, 19). Anschließend multiplizieren wir sie mit $A^{-1}$ und erhalten:

$$\begin{pmatrix} 7 & -3 \\ -2 & 1 \end{pmatrix} \begin{pmatrix} 16 \\ 19 \end{pmatrix} = \begin{pmatrix} 55 \\ -13 \end{pmatrix} \equiv \begin{pmatrix} 1 \\ 14 \end{pmatrix} \pmod{27}, \text{ das ist äquivalent zu (B, O)}$$

Dasselbe machen wir mit dem zweiten Paar (V, O) und seinen numerischen Werten (21, 14) und erhalten:

$$\begin{pmatrix} 7 & -3 \\ -2 & 1 \end{pmatrix} \begin{pmatrix} 21 \\ 14 \end{pmatrix} = \begin{pmatrix} 105 \\ -28 \end{pmatrix} \equiv \begin{pmatrix} 24 \\ 26 \end{pmatrix} \pmod{27}, \text{ das ist äquivalent zu (Y, @)}$$

Damit haben wir bewiesen, dass die Entschlüsselung funktioniert.

Für dieses Beispiel haben wir Paare aus zwei Zeichen betrachtet. Wir würden eine erhöhte Sicherheit erhalten, wenn wir die Buchstaben in Dreier- oder Vierergruppen angeordnet hätten. In diesen Fällen erfolgen die Berechnungen mit 3x3- bzw. 4x4-Matrizen. Das ist extrem arbeitsaufwendig, wenn es manuell durchgeführt wird. Mit den heutigen Computern jedoch ist es möglich, mit sehr großen Matrizen und ihren jeweiligen Inversen zu arbeiten.

Die Chiffre von Hill besitzt eine entscheidende Schwäche: Wenn der Empfänger einen kleinen Teil des Klartexts besitzt, kann er die gesamte Nachricht entschlüsseln. Die Suche nach der perfekten Chiffre war noch lange nicht vorbei.

# 4. Kapitel
# Kommunikation mit 0 und 1

Die Erfindung des Colossus-Computers und die Entschlüsselung des Enigma-Codes haben das Tor zur größten Kommunikationsrevolution geöffnet, die die Menschheit je erlebt hat. Dieser gigantische Fortschritt basierte weitgehend auf der Entwicklung eines Verschlüsselungssystems, das eine sichere, effiziente und schnelle Kommunikation über ein riesiges Netzwerk zuließ, das von zwei grundlegenden Triebkräften bestimmt wird: Computern und ihren Benutzern – Sie und ich. Wenn wir heute von *Sicherheit* sprechen, geht es nicht nur um Kryptografie und Geheimhaltung. Das Wort hat eine sehr viel umfangreichere Bedeutung angenommen, bei der es auch um Zuverlässigkeit und Effizienz geht.

Das Binärsystem bildet die Grundlage für diese technologische Revolution. Dieser extrem einfache Code wird mithilfe von zwei Zeichen realisiert, 0 und 1, und wird im Computerbereich verwendet, weil er die Zustände der elektronischen Schaltkreise in einem Computer darstellen kann (eingeschaltetes Schaltelement wird z.B. durch 1 dargestellt, ein ausgeschaltetes durch 0). Die 0 und die 1 werden jeweils als *Bit* bezeichnet (abgeleitet von *Binary Digit* – Binärziffer).

## Der ASCII-Code

Eine der zahlreichen Anwendungen des Binärsystems ist eine spezifische Familie von Zeichen, die jeweils eine Länge von acht Bit aufweisen – auch als *Byte* bezeichnet. Diese Zeichen sind *alphanumerisch* und stellen die grundlegenden Symbole dar, die in der herkömmlichen Kommunikation verwendet werden. Sie werden als ASCII-Codes (American Standard Code for Information Interchange) bezeichnet. Es gibt insgesamt $2^8 = 256$ verschiedene Möglichkeiten, 0 und 1 in einem Byte anzuordnen. ASCII-Codes gestatten dem Benutzer, Text in einen Computer einzugeben. Wenn wir ein alphanumerisches Zeichen eintippen, wandelt es der Computer in ein

---

**SPEICHERBYTES**

Die Speicherkapazität eines Computers wird in Vielfachen von Bytes angegeben:

Kilobyte (kB): 1.024 Bytes

Megabyte (MB): 1.048.576 Bytes

Gigabyte (GB): 1.073.741.824 Bytes

Terabyte (TB): 1.099.511.627.776 Bytes

---

Datenbyte um – eine Kette aus acht Bits. Wenn wir beispielsweise den Buchstaben A eingeben, wandelt der Computer diesen in 0100 0001 um.

Allen üblicherweise verwendeten Zeichen wurden binäre ASCII-Werte zugeordnet – 26 Großbuchstaben, 26 Kleinbuchstaben, 10 Ziffern, 7 Interpunktionssymbole und ein paar Sonderzeichen. Sie sind alle in der folgenden Tabelle gezeigt. Diese Tabelle zeigt auch die entsprechenden Dezimalzahlen für jedes Binärcode-Zeichen (in der Spalte mit der Überschrift „Dez.“:

| ASCII-TABELLE | | | | | | | | |
|---|---|---|---|---|---|---|---|---|
| Zeichen | Binär | Dez. | Zeichen | Binär | Dez. | Zeichen | Binär | Dez. |
| [Leerzeichen] | 0010 0000 | 32 | @ | 0100 0000 | 64 | ` | 0110 0000 | 96 |
| ! | 0010 0001 | 33 | A | 0100 0001 | 65 | a | 0110 0001 | 97 |
| " | 0010 0010 | 34 | B | 0100 0010 | 66 | b | 0110 0010 | 98 |
| # | 0010 0011 | 35 | C | 0100 0011 | 67 | c | 0110 0011 | 99 |
| $ | 0010 0100 | 36 | D | 0100 0100 | 68 | d | 0110 0100 | 100 |
| % | 0010 0101 | 37 | E | 0100 0101 | 69 | e | 0110 0101 | 101 |
| & | 0010 0110 | 38 | F | 0100 0110 | 70 | f | 0110 0110 | 102 |
| ' | 0010 0111 | 39 | G | 0100 0111 | 71 | g | 0110 0111 | 103 |
| ( | 0010 1000 | 40 | H | 0100 1000 | 72 | h | 0110 1000 | 104 |
| ) | 0010 1001 | 41 | I | 0100 1001 | 73 | i | 0110 1001 | 105 |
| * | 0010 1010 | 42 | J | 0100 1010 | 74 | j | 0110 1010 | 106 |
| + | 0010 1011 | 43 | K | 0100 1011 | 75 | k | 0110 1011 | 107 |
| , | 0010 1100 | 44 | L | 0100 1100 | 76 | l | 0110 1100 | 108 |
| - | 0010 1101 | 45 | M | 0100 1101 | 77 | m | 0110 1101 | 109 |
| . | 0010 1110 | 46 | N | 0100 1110 | 78 | n | 0110 1110 | 110 |
| / | 0010 1111 | 47 | O | 0100 1111 | 79 | o | 0110 1111 | 111 |
| 0 | 0011 0000 | 48 | P | 0101 0000 | 80 | p | 0111 0000 | 112 |
| 1 | 0011 0001 | 49 | Q | 0101 0001 | 81 | q | 0111 0001 | 113 |
| 2 | 0011 0010 | 50 | R | 0101 0010 | 82 | r | 0111 0010 | 114 |
| 3 | 0011 0011 | 51 | S | 0101 0011 | 83 | s | 0111 0011 | 115 |
| 4 | 0011 0100 | 52 | T | 0101 0100 | 84 | t | 0111 0100 | 116 |
| 5 | 0011 0101 | 53 | U | 0101 0101 | 85 | u | 0111 0101 | 117 |
| 6 | 0011 0110 | 54 | V | 0101 0110 | 86 | v | 0111 0110 | 118 |
| 7 | 0011 0111 | 55 | W | 0101 0111 | 87 | w | 0111 0111 | 119 |
| 8 | 0011 1000 | 56 | X | 0101 1000 | 88 | x | 0111 1000 | 120 |
| 9 | 0011 1001 | 57 | Y | 0101 1001 | 89 | y | 0111 1001 | 121 |
| : | 0011 1010 | 58 | Z | 0101 1010 | 90 | z | 0111 1010 | 122 |
| ; | 0011 1011 | 59 | [ | 0101 1011 | 91 | { | 0111 1011 | 123 |
| < | 0011 1100 | 60 | \ | 0101 1100 | 92 | \| | 0111 1100 | 124 |
| = | 0011 1101 | 61 | ] | 0101 1101 | 93 | } | 0111 1101 | 125 |
| > | 0011 1110 | 62 | ^ | 0101 1110 | 94 | ~ | 0111 1110 | 126 |
| ? | 0011 1111 | 63 | _ | 0101 1111 | 95 | | | |

Wenn Sie „GOTO 2" eingeben, eine übliche Anweisung aus der Programmiersprache BASIC, übersetzt der Computer die Zeichen in die folgende Binärsequenz:

| Eingegebenes Wort | G | O | T | O | Leer-zeichen | 2 |
|---|---|---|---|---|---|---|
| Übersetzung in die Computersprache | 01000111 | 01001111 | 01010100 | 01001111 | 0010 0000 | 00110010 |

Der Computer würde diese Anweisung zusammen mit dem restlichen Programm in binären Maschienencode übersetzen und ausführen.

## Das Hexadezimalsystem

Das Hexadezimalsystem ist ein weiterer wichtiger Code im Computerbereich. Dieses Zahlensystem arbeitet mit 16 eindeutigen Ziffern (daher der Name „hexadezimal"), im Gegensatz zu unserem üblichen Dezimalsystem, das zehn Ziffern („dezimal") verwendet. Man könnte auch sagen, dass das Hexadezimalsystem die zweite Sprache des Computers nach dem Binärsystem ist. Wozu braucht man ein 16-stelliges System? Sie wissen, dass sich die grundlegende Operationseinheit, das Byte, aus acht Bits zusammensetzt und $2^8 = 256$ verschiedene Kombinationen aus 0 und 1 realisieren kann, $2^8 = 2^4 \times 2^4 = 16 \times 16$. Mit anderen Worten, die Kombination aus zwei Hexadezimalzahlen ist gleich einem Byte.

Die 16 Ziffern eines Hexadezimalsystems sind die üblichen Ziffern 0, 1, 2, 3, 4, 5 ,6, 7, 8 und 9 sowie sechs weitere, A, B, C, D, E und F. Gezählt wird im Hexadezimalsystem wie folgt:

Von 0 bis 15: 0, 1, 2, 3, 4, 5, 6, 7, 8, 9, A, B, C, D, E, F.
Von 16 bis 31: 10, 11, 12, 13, 14, 15, 16, 17, 18, 19, 1A, 1B, 1C, 1D, 1E, 1F.
Ab 32: 20, 21, 22, 23, 24, 25, 26, 27, 28, 29, 2A, 2B, 2C …

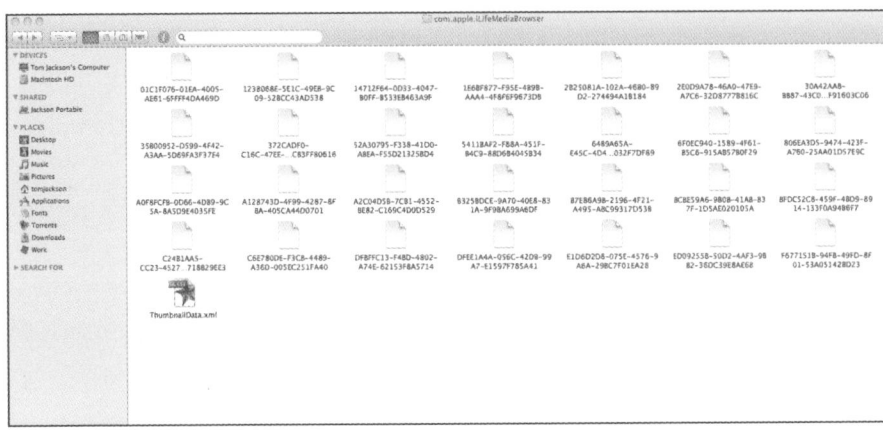

*Diese Dateien hat der Computer automatisch erzeugt. Bei den seltsamen Namen handelt es sich eigentlich um Hexadezimalzahlen.*

Bei Hexadezimalziffern unterscheidet man meist nicht zwischen Groß- und Kleinbuchstaben (1E ist dasselbe wie 1e). Die folgende Tabelle zeigt die ersten 16 Binärzahlen und ihre hexadezimalen Äquivalente:

| Binär | Hexadezimal |
|-------|-------------|
| 0000 | 0 |
| 0001 | 1 |
| 0010 | 2 |
| 0011 | 3 |
| 0100 | 4 |
| 0101 | 5 |
| 0110 | 6 |
| 0111 | 7 |
| 1000 | 8 |
| 1001 | 9 |
| 1010 | A |
| 1011 | B |
| 1100 | C |
| 1101 | D |
| 1110 | E |
| 1111 | F |

Um vom Binärsystem zum Hexadezimalsystem zu wechseln, ordnen wir die Bits in vier Vierergruppen von rechts nach links an. Die Umwandlung erfolgt gemäß der zuvor gezeigten Tabelle. Wenn die Anzahl der Binärziffern kein Vielfaches von vier ist, füllen wir die Lücke von links mit Nullen auf. Um vom Hexadezimalsystem zum Binärsystem zu wechseln, wandeln wir jedes hexadezimale Zeichen in sein binäres Äquivalent um, wie im folgenden Beispiel gezeigt:

$9F2_{16}$ ist die formelle Notation für eine Hexadezimalzahl (gekennzeichnet durch die tief gestellte Zahl 16). Die entsprechende Binärzahl ist:

| 9 | F | 2 |
|------|------|------|
| 1001 | 1111 | 0010 |

Damit ist $9F2_{16}$ = $100.111.110.010_2$ (Hinweis: Die tief gestellte Zahl 2 zeigt, dass die Zahl im Binärsystem dargestellt ist).

Jetzt führen wir den umgekehrten Prozess aus: $1110100110_2$ hat zehn Stellen. Aus diesem Grund füllen wir die Zahl mit zwei Nullen auf der linken Seite auf, sodass wir zwölf Zeichen erhalten, die wir in Vierergruppen anordnen können.

Wir wandeln wie folgt um:

$$1110100110_2 = 0011\ 1010\ 0110_2 = 3A6_{16}.$$

Welche Beziehung besteht zwischen Hexadezimalzeichen und ASCII-Codes? Jeder ASCII-Code enthält acht Bits (ein Byte) Information, somit enthalten fünf ASCII-Zeichen 40 Bits (fünf Byte), und wenn ein Hexadezimalzeichen vier Bits enthält, schließen wir, dass fünf ASCII-Zeichen zehn Hexadezimalzeichen sind.

Wir wollen ein Beispiel für die Codierung eines Ausdrucks im Hexadezimalcode betrachten. Wir versuchen, den Ausdruck „Sommerwind GmbH" zu codieren. Dazu gehen wir wie in den folgenden Schritten beschrieben vor.

1. Wir übersetzen „Sommerwind GmbH" unter Anwendung von Standard-ASCII in seine Binärversion.
2. Wir bilden Vierergruppen aus den Ziffern. (Wenn die Länge des Binärstrings kein Vielfaches von vier ist, fügen wir links Nullen ein.)
3. Wir sehen in der Tabelle für die Umwandlung zwischen Binär- und Hexadezimalform nach und fahren mit der Übersetzung fort.

| Nachricht | S | O | M | M | E | R | W | I | N | D | Leer-zeichen |
|---|---|---|---|---|---|---|---|---|---|---|---|
| Binär-äquivalent gemäß ASCII | 0101 0011 | 0100 1111 | 0100 1101 | 0100 1101 | 0100 0101 | 0101 0010 | 0101 0111 | 0100 1001 | 0100 1110 | 0100 0100 | 0010 0000 |
| Übersetzung in Hexa-dezimalform | 53 | 4F | 4D | 4D | 45 | 52 | 57 | 49 | 4E | 44 | 20 |

| Nachricht | G | m | b | H |
|---|---|---|---|---|
| Binäräquivalent gemäß ASCII | 0100 0111 | 0110 1101 | 0110 0010 | 0100 1000 |
| Übersetzung in Hexadezimalform | 47 | 6D | 62 | 48 |

Die Zeichenkette „SOMMERWIND GmbH", verschlüsselt im Hexadezimal--format, lautet also:

53 4F 4D 4D 45 52 57 49 4E 44 20 47 6D 62 48

## Zahlensysteme und Basiswechsel

Ein Zahlensystem mit $n$ Ziffern wird auch als Zahlensystem mit der Basis n bezeichnet. Die menschlichen Hände haben zehn Finger, deshalb wurde vermutlich das dezimale Zahlensystem erfunden – man zählte mit den Fingern. Eine Dezimalzahl wie beispielsweise 7.392 steht für 7 Tausender, 3 Hunderter, 9 Zehner und 2 Einer. Tausender, Hunderter, Zehner und Einer sind Potenzen der Basis 10 dieses Zahlensystems. Die Zahl 7.392 kann also auch wie folgt ausgedrückt werden:

$$7.392 = 7 \cdot 10^3 + 3 \cdot 10^2 + 9 \cdot 10^1 + 2 \cdot 10^0$$

Es gibt jedoch eine stillschweigende Vereinbarung, dass wir nur die Koeffizienten schreiben (7, 3, 9 und 2). Neben dem Dezimalsystem gibt es noch zahlreiche weitere Zahlensysteme (tatsächlich unendlich viele). In diesem Kapitel haben wir uns insbesondere mit zwei Systemen beschäftigt: dem Binärsystem mit der Basis 2 und dem Hexadezimalsystem mit der Basis 16. In einem binären Zahlensystem können die Koeffizienten nur zwei mögliche Werte haben: 0 und 1. Die Ziffern der Binärzahlen sind Koeffizienten der Potenzen von 2. Die Zahl $11.011_2$ kann also wie folgt dargestellt werden:

$$11.011_2 = 1 \cdot 2^4 + 1 \cdot 2^3 + 0 \cdot 2^2 + 1 \cdot 2^1 + 1 \cdot 2^0$$

Wenn wir den Ausdruck rechts vom Gleichheitszeichen berechnen, erhalten wir 27, die Dezimalform der Binärzahl 11.011. Für den inversen Prozess dividieren wir eine Dezimalzahl wiederholt durch 2 (die binäre Basis) und notieren den Rest, bis wir einen Quotienten erhalten, der kleiner als die Basis ist. Die Binärzahl hat den letzten Quotienten als erste Ziffer, gefolgt von den Resten, beginnend mit dem letzten Rest in der Liste. Um diesen Prozess zu verdeutlichen, schreiben wir die Zahl 76 im Binärformat:

76 dividiert durch 2, hat den Quotienten 38 und den Rest 0.

38 dividiert durch 2, hat den Quotienten 19 und den Rest 0.

19 dividiert durch 2, hat den Quotienten 9 und den Rest 1.

9 dividiert durch 2, hat den Quotienten 4 und den Rest 0.

4 dividiert durch 2, hat den Quotienten 2 und den Rest 0.

2 dividiert durch 2, hat den Quotienten 1 und den Rest 0.

Die Zahl 76 würde im Binärsystem also als $1001100_2$ dargestellt. Dieses Ergebnis kann in der weiter vorne gezeigten ASCII-Tabelle überprüft werden (beachten Sie, dass wir in dem entsprechenden Code eine zusätzliche 0 am Anfang einfügen, um Gruppen mit vier Ziffern zu erzeugen). Die Umwandlung eines in einem Zahlensystem ausgedrückten Werts in ein anderes Zahlensystem wird auch als Basiswechsel bezeichnet.

## Codes zur Erkennung von Übertragungsfehlern

Die oben beschriebenen Codes gestatten eine sichere und effektive Kommunikation zwischen Computern, zwischen Programmen und zwischen Benutzern. Diese Onlinesprache basiert jedoch auf einer allgemeinen Informationstheorie, die dem eigentlichen Kommunikationsprozess zugrunde liegt. Der erste Schritt bei der Formulierung dieser Theorie ist so einfach, dass manchmal leicht übersehen wird, wie Information gemessen wird. Die einfache Aussage „Anhang 2 kB" basiert auf einer langen Abfolge brillanter Eingebungen, beginnend mit einem zweiteiligen Artikel, der 1948 von dem amerikanischen Ingenieur Claude E. Shannon veröffentlicht wurde und den Titel *A Mathematical Theory of Communication* (Mathematische Grundlagen der Informationstheorie) trug. In diesem zukunftsträchtigen Artikel schlug Shannon eine Maßeinheit für die Informationsmenge vor, die er als Bit bezeichnete. Das allgemeine Problem, das zu der Arbeit von Shannon führte, ist den modernen Lesern höchst vertraut: Wie verschlüsselt man eine Nachricht am besten, um zu verhindern, dass sie während der Übertragung beschädigt wird? Shannon schlussfolgerte, dass es unmöglich sei, einen Code zu definieren, der einen Informationsverlust jederzeit verhindern würde. Anders ausgedrückt, es passieren unweigerlich Fehler, wenn Information übertragen wird. Diese Schlussfolgerung konnte jedoch nichts daran ändern, dass Codierungsstandards definiert wurden, die zwar eine Verfälschung nicht verhindern, aber zumindest ein Höchstmaß an Zuverlässigkeit gewährleisten konnten.

Bei der digitalen Datenübertragung wird eine Nachricht, nachdem sie vom Sender erzeugt wurde (das kann durchaus auch ein nicht menschlicher Sender sein, wie beispielsweise ein Computer oder ein anders Gerät), in einem Binärsystem verschlüsselt und gelangt in einen Kommunikationskanal, der aus dem Computer des Senders und dem des Empfängers besteht, sowie aus der eigentlichen Verbindung, wobei es sich um ein physisches Kabel handeln kann, aber auch um eine Funkübertragung (Funkwellen, Infrarot usw.). Die Reise durch den Kanal ist der empfindlichste Prozess, weil die Nachricht allen möglichen Störungen unterliegen kann, beispielsweise der Vermischung mit anderen Signalen, den nachteiligen Wirkungen von Wärme im physischen Medium oder einer Dämpfung (Abschwächung) des Signals, während es das Medium durchläuft. Diese Störungen werden auch als *Rauschen* bezeichnet. Um den Einfluss des Rauschens so gering wie möglich zu halten, müssen Sie nicht nur die Verbindung schützen, sondern auch eine Möglichkeit einführen, Fehler zu erkennen und sie gegebenenfalls zu korrigieren.

Eine dieser Methoden wird auch als „Redundanz" bezeichnet. Redundanz besteht aus der Wiederholung bestimmter Eigenschaften der Nachricht unter festgelegten Kriterien. Das nachfolgende Beispiel soll diesen Prozess verdeutlichen. Stellen wir uns einen Text vor, bei dem jedes Wort aus vier Bits besteht, für insgesamt 16 Wörter ($2^4 = 16$), jeweils in der Form $a_1 a_2 a_3 a_4$. Bevor wir eine Nachricht senden, fügen wir dem Wort drei zusätzliche Bits hinzu, $c_1 c_2 c_3$, sodass die codierte Nachricht, die durch den Kommunikationskanal verläuft, die Form $a_1 a_2 a_3 a_4 c_1 c_2 c_3$ hat. Die Elemente $c_1 c_2 c_3$ gewährleisten die Sicherheit der Nachricht. Sie werden als Parity-Codes bezeichnet und wie folgt generiert:

$$c_1 = \begin{cases} 0, \text{ wenn } a_1 + a_2 + a_3 \text{ gerade,} \\ 1, \text{ wenn } a_1 + a_2 + a_3 \text{ ungerade} \end{cases}$$

$$c_2 = \begin{cases} 0, \text{ wenn } a_1 + a_2 + a_4 \text{ gerade} \\ 1, \text{ wenn } a_1 + a_2 + a_4 \text{ ungerade} \end{cases}$$

$$c_3 = \begin{cases} 0, \text{ wenn } a_2 + a_3 + a_4 \text{ gerade} \\ 1, \text{ wenn } a_2 + a_3 + a_4 \text{ ungerade} \end{cases}$$

Wir würden der Nachricht 0111 also die folgenden Parity-Codes hinzufügen:

Da $0+1+1=2$ gerade ist, die Zahl $c_1=0$

Da $0+1+1=2$ gerade ist, die Zahl $c_2=0$

Da $1+1+1=3$ ungerade ist, die Zahl $c_3=1$

Die Nachricht 0111 würde also als 0111001 übertragen. Aus den folgenden 16 „Wörtern" erhalten wir die folgende Tabelle:

| Originalnachricht | Gesendete Nachricht |
|---|---|
| 0000 | 0000000 |
| 0001 | 0001011 |
| 0010 | 0010111 |
| 0100 | 0100101 |
| 1000 | 1000110 |
| 1100 | 1100011 |
| 1010 | 1010001 |
| 1001 | 1001101 |
| 0110 | 0110010 |
| 0101 | 0101110 |
| 0011 | 0011100 |
| 1110 | 1110100 |
| 1101 | 1101000 |
| 1011 | 1011010 |
| 0111 | 0111001 |
| 1111 | 1111111 |

## GENIE OHNE AUSZEICHNUNG

Claude Elwood Shannon (1916–2001) war einer der größten Wissenschaftler des 20. Jahrhunderts. Er studierte Elektrotechnik an der Universität von Michigan und am Massachusetts Institute of Technology (MIT)
und arbeitete als Mathematiker an den Bell Labs, wo er Forschungen in
den Bereichen Kryptografie und Kommunikationstechnologie durchführ-
te. Seine Beiträge zur Informationstheorie sind ausreichend, um ihn ganz
oben in der Liste der Erfinder zu nennen, aber weil seine Arbeit halb der
Mathematik und halb der Informationstechnologie zuzuordnen war, erhielt er nie den bei allen Wissenschaftlern so begehrten Nobelpreis.

Angenommen, am Ende der Reise erhält das empfangende System die Nachricht 1010110. Beachten Sie, dass diese Kombination von Nullen und Einsen nicht in der Menge der möglichen Nachrichten enthalten ist und deshalb einen Übertragungsfehler darstellen muss. Bei dem Versuch, den Fehler zu korrigieren, vergleicht das System jede Ziffer mit der Menge der Ziffern der möglichen Nachrichten, um eine wahrscheinlichere Alternative ausfindig zu machen. Dazu überprüft es, wie viele der Ziffern falsch zu sein scheinen, wie nachfolgend gezeigt:

| Mögliche Nachricht | 0000000 | 0001011 | 0010111 | 0100101 | 1000110 |
|---|---|---|---|---|---|
| Empfangene Nachricht | 1010110 | 1010110 | 1010110 | 1010110 | 1010110 |
| Anzahl unterschiedlicher Ziffern in jeder Position | 4 | 5 | 2 | 5 | 1 |

| Mögliche Nachricht | 1100011 | 1010001 | 1001101 | 0110010 | 0101110 |
|---|---|---|---|---|---|
| Empfangene Nachricht | 1010110 | 1010110 | 1010110 | 1010110 | 1010110 |
| Anzahl unterschiedlicher Ziffern in jeder Position | 4 | 3 | 4 | 3 | 4 |

| Mögliche Nachricht | 0011100 | 1110100 | 1101000 | 1011010 | 0111001 | 1111111 |
|---|---|---|---|---|---|---|
| Empfangene Nachricht | 1010110 | 1010110 | 1010110 | 1010110 | 1010110 | 1010110 |
| Anzahl unterschiedlicher Ziffern in jeder Position | 3 | 2 | 5 | 2 | 6 | 3 |

Das fehlerhafte Wort (1010110) unterscheidet sich von einem anderen Wort (1000110) durch eine einzige Stelle. Weil der Unterschied am kleinsten ist, bietet das System dem Empfänger diese zweite, korrigierte Version an. Das Prinzip ist vergleichbar mit dem der Rechtschreibprüfung bei einer Textverarbeitung. Wenn sie einen Begriff erkennt, der nicht in ihrem internen Wörterbuch enthalten ist, schlägt sie mehrere ähnlich lautende Alternativen vor. Die Anzahl der Positionen, um die sich eine Nachricht (die als Zeichenfolge betrachtet wird) von einer anderen unterscheidet, wird auch als *Abstand zwischen zwei Folgen* bezeichnet. Dieser spezifische Mechanismus der Fehlererkennung und der Fehlerkorrektur wurde vom Amerikaner Richard W. Hamming (1915–1998) vorgeschlagen, einem Zeitgenossen von Claude Shannon. Wie in jedem anderen Bereich gilt auch für Informationen, dass die Erkennung eines möglichen Fehlers die eine Sache ist, die Korrektur die andere. Wenn es bei Verschlüsselungen, wie in diesem letzten Beispiel, nur einen Kandidaten für den minimalen Abstand gibt, ist das Problem relativ einfach. Sei $t$ die Anzahl, wie oft 1 in der Folge vorkommt (wobei die Folge aus lauter Nullen weggelassen wird); dann können wir nachweisen:

Wenn $t$ ungerade ist, können wir $\dfrac{t-1}{2}$ Fehler korrigieren.

Wenn $t$ gerade ist, können wir $\dfrac{t-2}{2}$ Fehler korrigieren.

Wenn wir nur das Ziel haben, Fehler zu erkennen, ist die maximale Anzahl zu erkennender Fehler gleich $t-1$. In der zuvor vorgestellten Sprache mit 16 Zeichen ist $t = 3$, woraus wir ableiten können, dass der Mechanismus $3 - 1 = 2$ Fehler erkennen kann, und dass er $(3 - 1) : 2 = 1$ Fehler korrigieren kann.

## KRYPTOGRAFIE DER DRITTEN GENERATION

1997 wurde ein *Protokoll* namens WEP (die Abkürzung für *Wired Equivalent Privacy*) für die sichere Übertragung von Informationen über Funknetzwerke eingeführt. Dieses Protokoll enthält den Verschlüsselungsalgorithmus RC4 mit zwei Codetypen mit jeweils 5 bzw. 13 ASCII-Zeichen. Wir haben es also mit Codes von 40 bzw. 104 Bits zu tun oder alternativ von 10 oder 26 hexadezimalen Ziffern:

5 alphanumerische Zeichen = 40 Bits = 10 Hexadezimalzeichen

13 alphanumerische Zeichen = 104 Bits = 26 Hexadezimalzeichen

Der Anbieter der Verbindung stellt die Codes bereit, aber der Benutzer kann sie im Allgemeinen ändern. Bevor die Verbindung eingerichtet wird, fordert der Computer den Schlüssel an. Im folgenden Dialogfeld sehen wir eine Fehlermeldung, die den WEP-Schlüssel anfordert, und seine Länge in Bits, ASCII-Zeichen und Hexadezimalzeichen angibt.

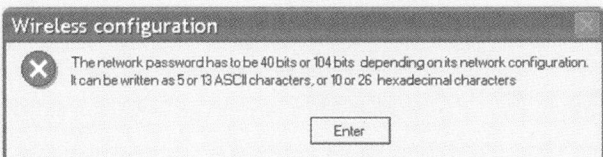

In Wirklichkeit sind die Schlüssel sehr viel länger. Beginnend mit dem vom Benutzer bereitgestellten Schlüssel, erzeugt der Algorithmus RC4 einen neuen Schlüssel mit mehr Bits, der schließlich für die Verschlüsselung der Übertragung verwendet wird. Dabei handelt es sich um eine Verschlüsselung mit öffentlichem Schlüssel, die in Kapitel 5 noch genauer erklärt wird. Ein Benutzer, der den Schlüssel ändern will, sollte daran denken, dass ein Schlüssel aus zehn Hexadezimalzahlen sicherer ist als ein Schlüssel aus fünf alphanumerischen Zeichen, obwohl die Bitgröße dieselbe bleibt. Es ist aber natürlich auch verständlich, dass man sich „Bingo" leichter merkt als das hexadezimale Äquivalent „42 69 6E 67 6F".

# Weitere Codes: Standards in Industrie und Handel

Wenn auch weniger spektakulär als in der Kryptografie oder in der Binärmathe-
matik und häufig von uns unbemerkt, weil überall vorhanden, stellen die standar-
disierten Codes von Banken, Supermärkten und anderen großen Einrichtungen in
der Wirtschaft eine der Säulen der modernen Gesellschaft dar. Bei diesen Codes
geht es hauptsächlich darum, Produkte eindeutig und präzise zu identifizieren, wobei es sich um Bankkonten, Bücher oder Äpfel handeln kann. Darauf werden wir
jetzt genauer eingehen.

## Kreditkarten

Die Geld- und Kreditkarten, die große Banken und Kaufhäuer bisweilen anbieten,
werden im Wesentlichen durch Zahlengruppen identifiziert und mit demselben
Algorithmus und Prüfsystem berechnet. Dies alles basiert auf unserer guten alten
Modulo-Arithmetik. Die meisten Kartennummern haben 16 Ziffern zwischen 0
und 9. Die Ziffern sind in Vierergruppen angeordnet, damit sie leichter lesbar sind.
Für unsere Zwecke wollen wir sie wie folgt bezeichnen:

ABCD EFGC IJKL MNOP

Jede Zifferngruppe codiert ein bestimmtes Informationsstück: Die erste Gruppe (ABCD) entspricht der ID der Bank (oder der Organisation, die den Service
anbietet). Jede Bank hat eine andere Nummer, die abhängig vom jeweiligen Kon-
tinent variieren kann und die sich außerdem auf die Marke und die Bedingungen
der Karte bezieht. Für VISA und einige bekannte Banken sehen die ersten vier Ziffern wie folgt aus:

| A B C D | Anbieter |
| --- | --- |
| 4940 | Citibank |
| 4024 | Bank of America |
| 4128 | Citibank (USA) |
| 4302 | HSBC |

Die fünfte Stelle (E) entspricht dem Kartentyp und gibt an, von welchem Fi-
nanzinstitut Ihr Konto verwaltet wird:

| Typ | Anbieter |
|---|---|
| 3 | American Express |
| 4, 0, 2 | Visa |
| 5, 0 | MasterCard |
| 6 | Discover |

Wie wir sehen, gibt es keine strenge Regelung.

Die jetzt folgenden zehn Ziffern (FGH IJKL MNO) sind ein eindeutiger Bezeichner für jede Karte. Diese ID stellt nicht nur eine Referenznummer für das jeweilige Kundenkonto dar, sondern ist auch mit der Variante der Karte verknüpft – Classic, Gold, Platinum usw. – ebenso wie mit dem ihr zugeordneten Kreditlimit, den Zinssätzen für den Ausgleich und dem Ablaufdatum.

Und schließlich gibt es noch eine Prüfziffer (P), die sich unter Anwendung des Luhn-Algorithmus aus den vorhergehenden Ziffern berechnet. Benannt ist der Algorithmus nach Hans Peter Luhn, dem deutschen Ingenieur, der ihn entwickelt hat. Für eine Karte mit 16 Ziffern funktioniert dieser Algorithmus wie folgt:

1) Wir berechnen für jede Ziffer an einer ungeraden Position, beginnend mit der ersten auf der linken Seite, eine neue Ziffer, indem wir sie mit 2 multiplizieren. Wenn das Ergebnis dieser Multiplikation größer 9 ist, addieren wir die beiden Ziffern der neuen Zahl (oder führen die äquivalente Operation aus, indem wir 9 subtrahieren). Wenn wir beispielsweise 18 erhalten, addieren wir $1 + 8 = 9$, oder wir subtrahieren $18 - 9 = 9$.

2) Anschließend addieren wir alle auf diese Weise berechneten Zahlen und die an den geraden Positionen befindlichen Ziffern (einschließlich der abschließenden Prüfziffer).

3) Wenn das Ergebnis ein Vielfaches von 10 ist (d. h., ihr Wert ergibt 0 bei mod 10), sind die Zahlen auf der Karte gültig. Beachten Sie, dass die abschließende Prüfziffer dafür sorgt, dass die Summe ein Vielfaches von 10 ist.

## DINER'S CLUB

Eine der ersten allgemein akzeptierten Kreditkarten war Diner's Club. Die treibende Kraft dahinter war der Amerikaner Frank McNamara. In den 50er-Jahren schaffte er es, verschiedene Restaurants davon zu überzeugen, eine Zahlung per Kredit zu akzeptieren, wenn eine personalisierte, garantiert gedeckte Karte vorgelegt wurde, die McNamara seinen besten Kunden ausstellte. Die gebräuchlichste Verwendung von Kreditkarten in den ersten Jahrzehnten war, dass Vertreter in den USA damit ihre Mahlzeiten zahlten, während sie unterwegs waren.

Betrachten wir beispielsweise die folgende Kartennummer:

1234 5678 9012 3452

Laut dem Algorithmus von Luhn ergibt sich:

$$1 \cdot 2 = 2$$
$$3 \cdot 2 = 6$$
$$5 \cdot 2 = 10 \Rightarrow 1 + 0 = 1$$
$$7 \cdot 2 = 14 \Rightarrow 1 + 4 = 5 \text{ (oder } 14 - 9 = 5)$$
$$9 \cdot 2 = 18 \Rightarrow 1 + 8 = 9$$
$$1 \cdot 2 = 2$$
$$3 \cdot 2 = 6$$
$$5 \cdot 2 = 10 \Rightarrow 1 + 0 = 1$$
$$2 + 6 + 1 + 5 + 9 + 2 + 6 + 1 = 32$$
$$2 + 4 + 6 + 8 + 0 + 2 + 4 + 2 = 28$$
$$32 + 28 = 60$$

Das Ergebnis ist 60, ein Vielfaches von 10. Die Codenummer der Karte ist also gültig.

Eine andere Anwendungsmöglichkeit des Algorithmus von Luhn sieht wie folgt aus: Die Nummer der Karte ABCD EFGH IJKL MNOP ist korrekt, wenn das Doppelte der Summe der Ziffern an ungerader Position und die Summe der Ziffern an gerader Position plus die Anzahl der Ziffern an ungerader Position, die größer als 4 sind, ein Vielfaches von 10 sind. Überschaubarer dargestellt, lautet diese Anweisung $2(A + C + E + G + I + K + M + O) + (B + D + F + H + J + L + N + P) +$ die Anzahl der Ziffern an ungerader Position größer $4 \equiv 0 \pmod{10}$.

Die Anwendung dieser zweiten Version des Algorithmus auf das vorige Beispiel ergibt:

1234 5678 9012 3452

$$2 \cdot (1 + 3 + 5 + 7 + 9 + 1 + 3 + 5) + (2 + 4 + 6 + 8 + 0 + 2 + 4 + 2) + 4 =$$
$$= 100 \equiv 0 \pmod{10}$$

Auch hier haben wir festgestellt, dass die Nummer eine gültige Kreditkartennummer ist, und gezeigt, dass der scheinbar zufällige Code einer strengen mathematischen Regel folgt.

## EXCEL-ANWENDUNG FÜR DIE BERECHNUNG DER PRÜFZIFFER EINER KREDITKARTE

Die einer Kreditkarte zugeordnete Nummer besteht aus 15 Ziffern plus einem Prüfcode. Die Zahlen sind in Vierergruppen angeordnet. Die Prüfziffer (P.Z.) wird nach dem folgenden Algorithmus berechnet:

| | B | | C | D | E | F | | G | H | I | J | | K | L | M | N | | O | P | Q | R | S | T | U | V |
|---|---|---|---|---|---|---|---|---|---|---|---|---|---|---|---|---|---|---|---|---|---|---|---|---|---|
| 2 | | | | | | | | | | | | | | | | | | | | | | | | | P.Z. |
| 3 | **Kreditkartennr.** | | 5 | 5 | 2 | 1 | | 4 | 5 | 7 | 2 | | 6 | 1 | 6 | 2 | | 3 | 6 | 2 | 4 | | | | |
| 4 | | | | | | | | | | | | | | | | | | | | | | | | | |
| 5 | **Verwendete Ziffern** | | | 5 | 2 | 1 | | 4 | 5 | 7 | 2 | | 6 | 1 | 6 | 2 | | 3 | 6 | 2 | | | | |
| 6 | Ziffern an gerader Position | | | | 2 | | | 4 | | 7 | | | 6 | | 6 | | | 3 | | 2 | | | | |
| 7 | Summe der Ziffern an gerader Position | | | | | | | | | | | | | | | | | | | | | | 30 | | |
| 8 | Anzahl der Ziffern an gerader Position größer 4 | | | | | | | | | | | | | | | | | | | | | | 3 | | |
| 9 | Summe der beiden vorherigen Mengen | | | | | | | | | | | | | | | | | | | | | | 33 | | |
| 10 | Ziffern an ungerader Position | | | 5 | | 1 | | | 5 | | 2 | | | 1 | | 2 | | | 6 | | | | | |
| 11 | Summe der Ziffern an ungerader Position | | | | | | | | | | | | | | | | | | | | | | 22 | | |
| 12 | Summe der beiden obigen Ergebnisse plus 1 | | | | | | | | | | | | | | | | | | | | | | 56 | | |
| 13 | Rest der Division des obigen Ergebnisses durch 10 | | | | | | | | | | | | | | | | | | | | | | 6 | | |
| 14 | Die P.Z. ist 0, wenn das obige Ergebnis 0 ist, andernfalls ist sie 10 minus dem obigen Ergebnis | | | | | | | | | | | | | | | | | | | | | | **4** | | |

Wäre es möglich, eine Ziffer wiederherzustellen, die in einem Kartencode fehlt? Ja, wenn wir es mit einer gültigen Kreditkarte zu tun haben. Wir wollen jetzt den Wert von X in der Zahl 4539 4512 03X8 7356 auflösen.

Zunächst multiplizieren wir die Zahlen an den ungeraden Positionen mit 2 (4-3-4-1-0-X-7-5) und reduzieren sie auf eine einzige Ziffer.

$$4 \cdot 2 = 8$$
$$3 \cdot 2 = 6$$
$$4 \cdot 2 = 8$$
$$1 \cdot 2 = 2$$
$$0 \cdot 2 = 0$$
$$X2 = 2X$$
$$7 \cdot 2 = 14,\ 14 - 9 = 5$$
$$5 \cdot 2 = 10,\ 10 - 9 = 1$$

Wir addieren die Ziffern an den geraden Positionen und die neuen Ziffern von den ungeraden Positionen und erhalten:

$$30 + 41 + 2X = 71 + 2X$$

$71 + 2X$, muss, wie wir wissen, ein Vielfaches von 10 sein.

Wenn der Wert von X größer als 4 wäre (und kleiner als 10), wäre 2X eine Zahl zwischen 10 und 18. Der Wert von 2X, reduziert auf eine Ziffer, ist $2X - 9$, die obige Summe wäre also $71 + 2X - 9$. Der einzige Wert von X, der diesen Ausdruck zu einem Vielfachen von 10 machen würde, ist 9. Wenn dagegen X kleiner oder gleich 4 wäre, erkennen wir, dass es keinen Wert gibt, für den $71 + 2X$ ein Vielfaches von 10 ist. Die unbekannte Ziffer ist also 9, und die vollständige Nummer der Kreditkarte lautet 4539 4512 0398 7356.

## Barcodes

Das erste Barcode-System wurde am 7. Oktober 1952 für die Amerikaner Norman Woodland und Bernard Silver patentiert. Die frühen Codes unterschieden sich wesentlich von den heutigen. Anstelle der uns bekannten Balken verwendeten Woodland und Silver ein System aus konzentrischen Kreisen. Die erste offizielle Anwendung eines Barcodes in einem Geschäft fand 1974 in Troy, Ohio, statt.

Der moderne Barcode besteht aus einer Folge schwarzer Balken (die im Binärsystem als 1 codiert werden) und den leeren Stellen dazwischen (die als 0 codiert werden). Barcodes werden verwendet, um physische Gegenstände zu identifizieren. Die Codes werden im Allgemeinen auf Etiketten gedruckt und können von einem optischen Gerät gelesen werden. Dieses *Scanner* genannte Gerät misst das reflektierte Licht und wandelt die Abschnitte aus dunklem und hellem Licht in einen alphanumerischen Schlüssel um, den es dann an einen Computer sendet. Es gibt zahlreiche Standards für Barcodes:

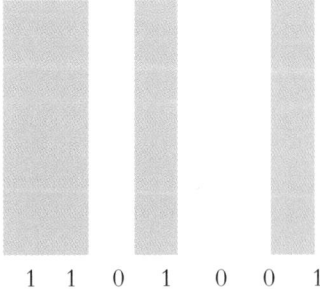

1 1 0 1 0 0 1

*Zuordnung der Dicke von Balken und leeren Stellen zu Binärziffern.*

Code 128, Code 39, Codabar, EAN (wurde 1976 in Versionen mit 8 und 13 Ziffern eingeführt) und UPC (Universal Product Code, hauptsächlich in den USA verwendet und in Versionen mit 12 und 8 Ziffern verfügbar). Der gebräuchlichste Code ist die 13-stellige Version von EAN. Trotz der vielfältigen Standards gestattet der Barcode, jedes Produkt an jedem Ort der Erde schnell und relativ fehlerfrei zu erkennen.

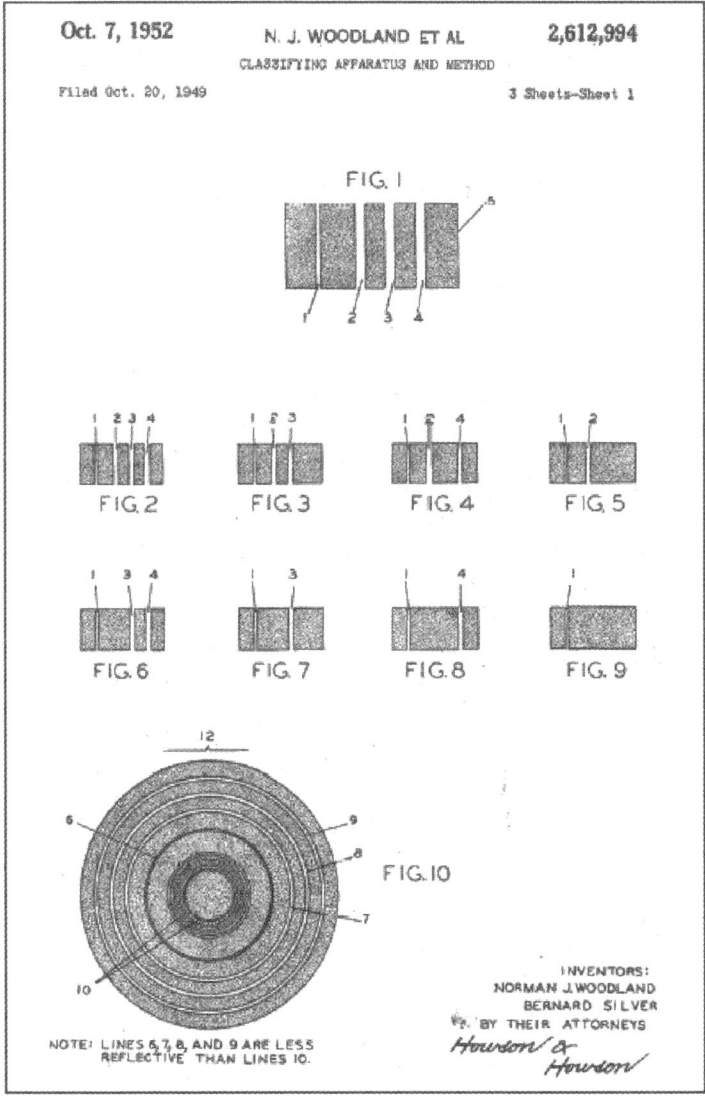

*Das Patent für das System der konzentrischen Kreise von Woodland und Silver, dem Vorläufer der heutigen Barcodes.*

# EXCEL-ANWENDUNG FÜR DIE BERECHNUNG DER PRÜFZIFFER DES EAN-13-CODES

Ein Barcode des Typs EAN-13 ist eine Zahl aus zwölf Ziffern plus einer 13. Ziffer, die auch als Prüfziffer (P.Z.) bezeichnet wird. Die 13 Ziffern sind in vier Gruppen unterteilt:

| Land | | Unternehmen | | | | Produkt | | | | | P.Z. |
|---|---|---|---|---|---|---|---|---|---|---|---|
| 8 | 4 | 1 | 1 | 3 | 4 | 9 | 0 | 4 | 5 | 1 | 2 | 6 |

Der Algorithmus für die Berechnung besteht aus den folgenden Schritten:

| | C | D | E | F | G | H | I | J | K | L | M | N | O | P | Q | R |
|---|---|---|---|---|---|---|---|---|---|---|---|---|---|---|---|---|
| 3 | Land | | | Unternehmen | | | | | | Produkt | | | | | | P.Z. |
| 4 | 3 | 4 | | 1 | 0 | 3 | 5 | 9 | | 1 | 2 | 5 | 9 | 2 | | 2 |
| 5 | | | | | | | | | | | | | | | | |
| 6 | Summe der Ziffern an ungerader Position | | | | | | | | | | | | | | | 27 |
| 7 | Summe der Ziffern an gerader Position, Multiplikation des Ergebnisses mit 3 | | | | | | | | | | | | | | | 51 |
| 8 | Summe der beiden obigen Ergebnisse | | | | | | | | | | | | | | | 78 |
| 9 | Rest bei der Division des obigen Ergebnisses durch 10 | | | | | | | | | | | | | | | 8 |
| 10 | Die P.Z. ist 0 oder 10 minus dem obigen Ergebnis | | | | | | | | | | | | | | | 2 |

In Excel würde dieser Algorithmus wie folgt dargestellt:

| | C | D | E | F | G | H | I | J | K | L | M | N | O | P | Q | R |
|---|---|---|---|---|---|---|---|---|---|---|---|---|---|---|---|---|
| 3 | Land | | | Unternehmen | | | | | | Produkt | | | | | | P.Z. |
| 4 | 3 | 4 | | 1 | 0 | 3 | 5 | 9 | | 1 | 2 | 5 | 9 | 2 | | =R10 |
| 5 | | | | | | | | | | | | | | | | |
| 6 | Summe der Ziffern an ungerader Position | | | | | | | | | | | | | | | =C4+F4+H4+J4+M4+O4 |
| 7 | Summe der Ziffern an gerader Position, Multiplikation des Ergebnisses mit 3 | | | | | | | | | | | | | | | =(D4+G4+I4+L4+N4+P4)*3 |
| 8 | Summe der beiden obigen Ergebnisse | | | | | | | | | | | | | | | =R6+R7 |
| 9 | Rest bei der Division des obigen Ergebnisses durch 10 | | | | | | | | | | | | | | | =RESIDUO(R8;10) |
| 10 | Die P.Z. ist 0 oder 10 minus dem obigen Ergebnis | | | | | | | | | | | | | | | =SI(R9=0;0;10-R9) |

# Der EAN-13-Barcode

Der EAN-Code, ursprünglich die Abkürzung für die 1976 eingeführte „European Article Number" (Europäische Artikelnummer), wird heute auch als internationale Artikelnummer (International Article Number) bezeichnet. Dies ist der gebräuchlichste Barcode-Standard, der auf der ganzen Welt verwendet wird. EAN-Codes bestehen im Allgemeinen aus 13 Ziffern, die durch schwarze Balken und weiße Leerbereiche dargestellt werden und die zusammen einen leicht ablesbaren Binärcode bilden. EAN-13 stellt diese 13 Ziffern mithilfe von 30 Balken und Leerbereichen dar. Die Ziffern sind in Abschnitte unterteilt: den ersten, der aus zwei oder drei Ziffern besteht und der den Ländercode darstellt; den zweiten, der aus neun oder zehn Ziffern besteht und der das Unternehmen und das Produkt identifiziert; den dritten, der nur aus einer Ziffer besteht, die als Prüfziffer dient. Für einen Code ABC-DEFGHIJKLM sind diese Teile wie folgt aufgegliedert:

- Die ersten drei Ziffern (ABC) bilden den Ländercode für das Ursprungsland des Produkts, das ist für Deutschland 400 bzw. 440.
- Die nächsten vier (DEFG) identifizieren das Unternehmen, das das Produkt herstellt.
- Die nächsten fünf (HIJKL) geben den Produktcode an, der vom Unternehmen vergeben wird.
- Die letzte (M) ist die Prüfziffer. Um sie zu berechnen, addieren wir die Ziffern an den ungeraden Positionen, beginnend von links und ohne Berücksichtigung der Prüfziffer. Zum Ergebnis addieren wir das Dreifache der Summe der Ziffern an den geraden Positionen. Die Prüfziffer ist der Wert, der das soeben berechnete Ergebnis zu einem Vielfachen von 10 macht. Wie wir sehen, erinnert das Barcode-Prüfsystem stark an das bei Kreditkarten verwendete Prüfsystem.

Jetzt überprüfen wir, ob der folgende Barcode gültig ist:

8413871003049

$$8 + 1 + 8 + 1 + 0 + 0 + 3(4 + 3 + 7 + 0 + 3 + 4) = 18 + 3(21) = 18 + 63 = 81.$$

Die korrekte Prüfziffer ist also $90 - 81 = 9$.

Das mathematische Modell des Algorithmus basiert auf der Modularen Arithmetik (Modulus 10), nämlich wie folgt:

Für ABCDEFGHIJKLM nennen wir den Wert des Ausdrucks N.

$$A + C + E + G + I + K + 3(B + D + F + H + J + L) = N.$$

$n$ ist der Wert von N bei Modulus 10. Die Prüfziffer M ist definiert als $M = 10 - n$. In unserem Beispiel haben wir $81 \equiv 1 \pmod{10}$. Damit ist die Prüfziffer tatsächlich $10 - 1 = 9$.

Der oben beschriebene Algorithmus kann auf vergleichbare Weise unter Verwendung der Prüfziffer in den Berechnungen dargestellt werden. Die folgende Vorgehensweise gestattet uns, die Gültigkeit der Prüfziffer zu überprüfen, ohne dass wir sie zuvor berechnen müssen.

$$A + C + E + G + I + K + 3(B + D + F + H + J + L) + M \equiv 0 \pmod{10}.$$

Für den Beispielcode

$$5701263900544:$$

$$5 + 0 + 2 + 3 + 0 + 5 + 3(7 + 1 + 6 + 9 + 0 + 4) + 4 = 100.$$

$$100 \equiv 0 \pmod{10}.$$

Der Code ist also gültig.

Aus reiner Neugier versuchen wir jetzt, den Wert einer verlorenen Ziffer eines Barcodes zu bestimmen. Diese Ziffer wird im folgenden Code durch X dargestellt:

$$401332003X497$$

Wir ordnen die Ziffern gemäß dem Algorithmus an:

$$4 + 1 + 3 + 0 + 3 + 4 + 3(0 + 3 + 2 + 0 + X + 9) + 7 = 64 + 3X \equiv 0 \pmod{10}.$$

Für Modulus 10 erhalten wir die folgende Gleichung:

$$4 + 3X \equiv 0 \pmod{10}.$$

$$3X \equiv -4 + 0 \equiv -4 + 10 \cdot 1 = 6 \pmod{10}.$$

Beachten Sie, dass 3 ein Inverses hat, weil ggT(3, 10) = 1 ist.

Wir stellen also fest, dass X gleich 2 sein muss. Der gültige Code lautet also

$$4013320032497.$$

## QR-CODES

1994 hat das japanische Unternehmen Denso-Wave ein grafisches Verschlüsselungssystem entwickelt, das die Teile von Autos entlang einer Fertigungsstraße identifiziert. Das System mit dem Namen QR, benannt nach der Geschwindigkeit, mit der es von dafür vorgesehenen Maschinen gelesen werden konnte (QR steht für *Quick Response*, also *schnelle Reaktion*), hat sich schnell über die Grenzen der Autoproduktion hinaus weiterentwickelt. Innerhalb weniger Jahre konnten die meisten japanischen Mobiltelefone die im Code enthaltene Information unmittelbar lesen. QR ist ein Matrix-Code, der

*Ein QR-Code mit 37 Zeichen für die Universität Osaka, Japan.*

durch eine variable Anzahl schwarzer und weißer Quadrate gebildet wird, die wiederum innerhalb eines größeren Quadrats angeordnet sind. Die Quadrate stellen die binären Werte 0 oder 1 dar und verhalten sich damit ganz ähnlich wie Barcodes, aber durch die zweite Dimension erhält der Code eine größere Kapazität.

## 5. Kapitel

# Ein offenes Geheimnis: Verschlüsselung mit öffentlichen Schlüsseln

Während des rasanten Wachstums der Computertechnologie wurde die Kryptografie nicht außer Acht gelassen. Die Verschlüsselung einer Nachricht mithilfe eines Computers erfolgt mehr oder weniger auf dieselbe Weise wie die Verschlüsselung ohne Computer, aber es gibt drei maßgebliche Unterschiede. Erstens, ein Computer kann so programmiert werden, dass er die Arbeit einer konventionellen Codiermaschine, beispielsweise mit 1.000 Walzen simuliert, ohne dieses Gerät physisch bauen zu müssen. Zweitens, ein Computer arbeitet nur mit Binärzahlen, deshalb erfolgt auch die gesamte Verschlüsselung auf dieser Ebene (auch wenn die numerischen Daten später wieder in Text entschlüsselt werden). Und drittens, Computer sind extrem schnell, was die Verschlüsselung und Entschlüsselung von Nachrichten betrifft.

Die ersten Chiffren, die das Potenzial der Computer nutzten, wurden in den 70er-Jahren entwickelt. Ein Beispiel dafür ist Lucifer, eine Chiffre, die den Text in Blöcke von je 64 Bit unterteilte, einige davon über eine komplexe Substitution verschlüsselte und dann wieder zu einem neu verschlüsselten Block aus Bits gruppierte. Dieser Prozess wurde kontinuierlich wiederholt. Für dieses System mussten Sender und Empfänger mit einem Computer ausgestattet sein, der dasselbe Verschlüsselungsprogramm ausführte, und sie mussten einen gemeinsamen numerischen Schlüssel besitzen. 1976 wurde DES, eine 56-Bit-Version von Lucifer, eingeführt. DES steht für Data Encryption Standard, der heute noch verwendet wird, obwohl er 1999 geknackt wurde und seit 2002 größtenteils durch AES (Advanced Encryption Standard) ersetzt wurde, der 128 Bit für die Verschlüsselung verwendet.

Zweifellos hat diese Verschlüsselung die Rechenleistung des Computers erschöpfend genutzt, aber genau wie ihre jahrtausendealten Vorgänger waren auch vom Computer erzeugte Codes empfindlich gegenüber der Gefahr, dass ein unbefugter Empfänger die Codes abfängt und unter Kenntnis des Verschlüsselungsalgorithmus die Nachricht entschlüsselt. Diese Grundschwäche jedes „klassischen" Verschlüsselungssystems wird auch als das *Problem der Schlüsselverteilung* bezeichnet.

## Das Problem der Schlüsselverteilung

Man ist sich einig, dass Verschlüsselungsschlüssel besser geschützt werden sollten als der verwendete Algorithmus, um die Sicherheit eines Codes zu bewahren. Damit entsteht ein Problem: Wie verteilt man Schlüssel sicher?

Selbst in den allereinfachsten Fällen könnte dies zu logistischen Problemen führen, wenn beispielsweise Tausende von Codebüchern über eine große Armee verteilt werden oder wenn sie in mobile Kommunikationszentren übertragen werden sollen, die in Extremsituationen arbeiten, wie beispielsweise U-Boot-Besatzungen. Unabhängig davon, wie ausgeklügelt ein klassisches Verschlüsselungssystem war, waren sie alle empfindlich gegenüber dem Abfangen der jeweiligen Schlüssel.

## Der Diffie-Hellman-Algorithmus

Das Konzept eines sicheren Schlüsselaustauschs scheint in sich selbst widersprüchlich zu sein: Wie können Sie einen Schlüssel als Nachricht senden, die bereits verschlüsselt wurde – wenn der Schlüssel zuvor auf die übliche Weise ausgetauscht wurde? Wenn der Austausch jedoch als Kommunikation mit mehreren Austauschvorgängen eingerichtet ist, kann man sich eine Lösung für das Problem vorstellen – zumindest auf theoretischer Ebene. Angenommen, ein Sender namens Julius verschlüsselt eine Nachricht mit seinem Schlüssel und sendet ihn an den Empfänger Peter. Peter verschlüsselt die verschlüsselte Nachricht erneut mit seinem Schlüssel und gibt sie an den Sender zurück. Julius entschlüsselt sie mit seinem Schlüssel und sendet diese neue Nachricht, die jetzt nur noch mit dem Schlüssel von Peter

### DER MANN HINTER DEM ALGORITHMUS

Bailey Whitfield Diffie (links) wurde 1944 in den USA geboren. Er machte seinen Abschluss in Mathematik am MIT (Massachusetts Institute of Technology) und war 2002 bis 2009 Chief Security Officer und Vice President des in Kalifornien ansässigen Unternehmens Sun Microsystems. Der Ingenieur Martin Hellmann wurde 1945 geboren und verfolgte seine Berufslaufbahn bei IBM und am MIT, wo er mit Diffie zusammenarbeitete.

verschlüsselt ist, der sie jetzt entschlüsseln kann. Das ewige Problem des sicheren Schlüsselaustauschs ist plötzlich gelöst! Kann das wirklich wahr sein? Leider nein. In jedem komplexen Verschlüsselungsalgorithmus ist die Reihenfolge, in der die Schlüssel angewendet werden, von kritischer Bedeutung, und wir haben gesehen, dass in unserem theoretischen Beispiel Julius eine Nachricht entschlüsseln musste, die bereits mit einem anderen Schlüssel verschlüsselt worden war. Wenn die Reihenfolge der Chiffren verändert wird, ist das Ergebnis sinnlose Zeichenketten.

Das obige Szenario erklärt nicht die Theorie, aber weist auf eine Möglichkeit hin, das Problem zu lösen. 1976 fanden zwei junge amerikanische Wissenschaftler, Bailey Whitfield Diffie und Martin Hellman, eine Möglichkeit, wie zwei Menschen verschlüsselte Nachrichten austauschen konnten, ohne irgendeinen geheimen Schlüssel austauschen zu müssen. Diese Methode verwendet die Modularen Arithmetik sowie die Eigenschaften der Primzahlen. Die Idee dabei ist folgende:

1. Julius wählt eine Zahl aus, die er geheim hält. Wir nennen diese Zahl $N_{J1}$.
2. Peter wählt eine andere zufällige Zahl aus, die er wiederum geheim hält. Wir nennen die Zahl $N_{P1}$.
3. Jetzt wenden Julius und Peter eine Funktion des Typs $f(x) = a^x \bmod p$ auf ihre jeweiligen Zahlen an, wobei $p$ eine Primzahl ist, die beide kennen.
   • Aus dieser Operation erhält Julius eine neue Zahl, $N_{J2}$, die er dann an Peter sendet.
   • Durch Anwendung derselben Operation erhält Peter eine neue Zahl, $N_{P2}$, die er an Julius sendet.
4. Julius löst eine Gleichung der Form $N_{P2}^{N_{J1}} \pmod{p}$ und erhält eine neue Zahl $C_J$.
5. Peter löst eine Gleichung der Form $N_{J2}^{N_{P1}} \pmod{p}$ und erhält eine neue Zahl $C_P$.

Obwohl es ganz unmöglich scheinen mag, sind $C_J$ und $C_P$ gleich. Und jetzt haben wir den Schlüssel. Beachten Sie, dass nur ein Informationsaustausch zwischen Julius und Peter stattgefunden hat, als sie sich auf die Funktion $f(x) = a^x \bmod p$ geeinigt haben und als sie sich die Nachrichten $N_{J2}$ und $N_{P2}$ geschickt haben. Dabei handelt es sich in keinem Fall um den Schlüssel, und wenn diese Informationen abgefangen werden, wird die Sicherheit des Verschlüsselungssystems dadurch nicht bedroht. Der Schlüssel für dieses System hat die allgemeine Form:

$$a^{N_{J1} \cdot N_{P1}} \text{ mit Modulus } p$$

Außerdem muss berücksichtigt werden, dass die Originalfunktion die spezielle Eigenschaft aufweist, dass sie nicht reversibel ist, d. h., auch wenn man die Funktion und das Ergebnis ihrer Anwendung auf eine Variable $x$ kennt, ist es unmöglich (oder zumindest sehr schwierig), die Originalvariable $x$ abzuleiten.

Anschließend, und um das Ganze zu verdeutlichen, wiederholen wir den Prozess mit spezifischen Werten. Wir verwenden die folgende Funktion:

$$f(x) = 7^x \ (\text{mod } 11)$$

1. Julius wählt eine Zahl aus, $N_{J1}$, beispielsweise 3, und berechnet $f(x) = 7^x \ (\text{mod } 11)$. Er erhält $f(3) = 7^3 \equiv 2 \ (\text{mod } 11)$.
2. Peter wählt eine Zahl aus, $N_{P1}$, beispielsweise 6, und berechnet $f(x) = 7^x \ (\text{mod } 11)$. Er erhält $f(6) = 7^6 \equiv 4 \ (\text{mod } 11)$.
3. Julius sendet Peter sein Ergebnis, 2, und Peter macht dasselbe mit dem seinen, 4.
4. Julius berechnet $4^3 \equiv 9 \ (\text{mod } 11)$.
5. Peter berechnet $2^6 \equiv 9 \ (\text{mod } 11)$.

Dieser Wert, 9, ist der Schlüssel des Systems.

Julius und Peter haben die Funktion $f(x)$ und die Zahlen 2 und 4 ausgetauscht. Ist diese Information für einen heimlichen Lauscher aufschlussreich? Angenommen, unser unerwünschter Empfänger kennt die Funktion und die Zahlen. Jetzt muss er $N_{J1}$ und $N_{P1}$ im Modulus 11 auflösen. $N_{J1}$ und $N_{P1}$ sind die Zahlen, die Julius und Peter geheim halten – auch voreinander. Wenn der Spion es schafft, diese Zahlen zu entdecken, müsste er nur den Schlüssel $a^{N_{J1} \cdot N_{P1}}$ im Modulus $p$ auflösen. Die Lösung für dieses Problem wird in der Mathematik übrigens als diskreter Logarithmus bezeichnet. Im Fall von beispielsweise

$$f(x) = 3^x \ (\text{mod } 17)$$

erkennen wir, dass $3^x = 15 \ (\text{mod } 17)$ ist, und probieren verschiedene Werte für $x$ aus. Wir stellen fest, dass $x = 6$ ist, und überprüfen die Beziehung $3^x = 15$.

Die Algorithmen dieser Art und das Problem des diskreten Logarithmus wurden erst Anfang der 90er-Jahre genauer betrachtet und auch erst in den letzten Jahren wirklich weiterentwickelt. Im obigen Beispiel sagen wir, dass 6 der diskrete Logarithmus von 15 mit einer Basis von 3 bei Modulo 17 ist.

## VIREN UND „HINTERTÜREN"

Selbst die sicherste Chiffre mit öffentlichem Schlüssel ist davon abhängig, dass der private Schlüssel geheim gehalten wird. Wenn also ein Computervirus einen Computer infiziert und diesen privaten Schlüssel findet und überträgt, ist das Verschlüsselungssystem zerstört. 1998 wurde festgestellt, dass ein Schweizer Unternehmen, das eine führende Position in der Herstellung und im Vertrieb von kryptografischen Produkten besaß, „Hintertüren" eingebaut hatte, die die privaten Schlüssel der Benutzer erkannte und an das Unternehmen zurückmeldete. Ein Teil dieser Information wurde der Regierung der USA übermittelt, die damit die Kommunikation zwischen den infizierten Computern überwachen konnte.

Die spezielle Eigenschaft dieser Art von Gleichungen ist, wie wir bereits erwähnt haben, dass sie schwierig umzukehren sind – sie sind *asymmetrisch*. Für Werte von $p$ größer 300 und einem $a$ größer 100 wird die Lösung – und damit das Knacken des Schlüssels – extrem schwierig.

Dieser Algorithmus ist die Grundlage der modernen Kryptografie. Diffie und Hellman stellten ihre Idee bei der National Computer Conference vor, einer Konferenz, die einfach nur als bahnbrechend bezeichnet werden muss. Ihre Arbeit kann vollständig nachgelesen werden unter http://www.cs.jhu.edu/~rubin/courses/sp03/papers/diffie.hellman.pdf, wo sie unter dem Titel *New Directions in Cryptography* abgelegt ist. Der Diffie-Hellman-Algorithmus hat die Möglichkeit dargelegt, eine Verschlüsselungsmethode zu schaffen, für die keine Schlüssel ausgetauscht werden müssen, und die paradoxerweise auf einer öffentlichen Kommunikation für einen Teil des Prozesses basiert – nämlich das anfängliche Zahlenpaar, das dazu dient, den Schlüssel festzulegen.

Anders ausgedrückt, es wurde damit möglich, ein sicheres Verschlüsselungssystem zwischen Sendern und Empfängern einzurichten, die sich nie treffen oder geheim einen Schlüssel vereinbaren müssen. Einige Probleme blieben jedoch bestehen: Wenn Julius Peter eine Nachricht senden will, während Peter beispielsweise schläft, muss er warten, bis sein Gegenüber aufwacht, um den Prozess der Schlüsselgenerierung durchzuführen. Bei dem Versuch, neue, effektivere Algorithmen zu entdecken, stellte Diffie die Theorie eines Systems auf, in dem sich der Verschlüsselungsschlüssel vom Entschlüsselungsschlüssel unterschied, sodass die beiden Schlüssel nie voneinander abgeleitet werden können. In diesem theoretischen System braucht der Sender zwei Schlüssel: den Verschlüsselungsschlüssel und den Entschlüsselungsschlüssel.

Einer der beiden, der Sender, veröffentlicht nur den ersten, sodass jeder, der ihm eine Nachricht senden will, diese verschlüsseln kann. Nachdem der Sender die Nachricht erhalten hat, entschlüsselt er sie mit dem Entschlüsselungsschlüssel, der natürlich geheim bleiben muss. Wäre es möglich, ein solches System in die Praxis umzusetzen?

## Die Primzahlen eilen zu Hilfe: der RSA-Algorithmus

Im August 1977 betitelte der berühmte US-amerikanische Wissenschaftsjournalist Martin Gardner seine Kolumne über mathematische Spielereien für die Zeitschrift *Scientific American* mit „Eine neue Chiffre, deren Entschlüsselung Millionen Jahre dauern würde". Nachdem er die Grundlagen des Systems mit einem öffentlichen Schlüssel erklärt hatte, gab er die verschlüsselte Nachricht sowie den öffentlichen Schlüssel N für die Erstellung der Chiffre an:

$$N = 114.381.625.757.888.867.669.235.779.976.146.$$
$$612.010.218.296.721.242.362.562.561.842.935.706.935.245.733.$$
$$897.830.597.123.563.958.705.058.989.075.147.599.290.026.879.$$
$$543.541$$

Gardner forderte seine Leser auf, die Nachricht aus den bereitgestellten Informationen zu entschlüsseln, und gab dazu sogar noch einen Tipp: Für die Lösung musste $N$ in seine Primkomponenten $p$ und $q$ zerlegt werden. Und um das Ganze noch attraktiver zu machen, setzte Gardner ein Preisgeld von 100 USD (zu diesem Zeitpunkt eine beachtliche Summe) für denjenigen aus, der zuerst die richtige Antwort einsenden würde. Gardner schrieb, wer weitere Informationen über die Chiffre brauche, sollte sich an ihre Entwickler wenden, Ron Rivest, Adi Shamir und Len Adelman vom Laboratory for Information am MIT:

Die richtige Antwort ging erst 17 Jahre später ein, und sie entstand in Zusammenarbeit von mehr als 600 Menschen. Die Schlüssel ergaben sich als $p = 32.769.$ $132.993.266.709.549.961.988.190.834.461.413.177.642.967.992.942.539.798.288.$ $533$ und $q = 3.490.529.510.847.650.949.147.849.619.903.898.133.417.764.638.$ $493.387.843.990.820.577.$ Die entschlüsselte Nachricht lautete „The magic words are squeamish ossifrage" (was so viel bedeutet wie „Die Zauberworte lauten ‚Penibler Lämmergeier‘").

Der von Gardner vorgestellte Algorithmus wird auch als RSA bezeichnet, zusammengesetzt aus den Anfangsbuchstaben der Namen Rivest, Shamir und Adelman. Dies ist die erste praktische Implementierung des Modells mit öffentlichem

Schlüssel, das von Diffie vorgeschlagen wurde und das heute noch verwendet wird. Es bietet so gut wie vollständige Sicherheit, weil der Entschlüsselungsprozess mit unglaublichem Aufwand verbunden ist – wenn auch nicht unmöglich. Jetzt betrachten wir die Grundlagen des Systems in vereinfachter Form.

## Der RSA-Algorithmus im Detail

Der RSA-Algorithmus basiert auf bestimmten Eigenschaften der Primzahlen, die der interessierte Leser im Anhang nachlesen kann. Wir beschränken uns hier auf die Voraussetzungen, die dem Algorithmus zugrunde liegen.

- Die Gruppe der Zahlen kleiner $n$, die gleichzeitig teilerfremd zu $n$ sind, werden als Eulersche Funktion bezeichnet und als $\varphi(n)$ ausgedrückt.
- Wenn $n = pq$, wobei $p$ und $q$ Primzahlen sind, dann ist $\varphi(n) = (p-1)(q-1)$.
- Aus dem „Kleinen Fermatschen Satz" wissen wir, dass wenn $a$ eine ganze Zahl größer 0 und $p$ eine Primzahl ist, $a^{p-1} \equiv 1 \pmod{p}$ gelten muss.
- Nach dem Satz von Euler gilt $a^{\varphi(n)} \equiv 1 \pmod{n}$, wenn $ggT(n,a) = 1$.

Wie bereits erwähnt, wird das System als mit „öffentlichem Schlüssel" bezeichnet, weil der Verschlüsselungsschlüssel jedem Sender mitgeteilt wird, der Nachrichten übertragen will. Jeder Empfänger hat seinen eigenen öffentlichen Schlüssel. Die Nachrichten werden immer in Zahlen übersetzt übertragen, egal ob als ASCII-Code oder in einem anderen System.

Zuerst erzeugt Julius einen Wert $n$ als Produkt aus zwei Primzahlen $p$ und $q$ ($n = p \cdot q$), und wir wählen einen Wert $e$ aus, sodass der ggT $(\varphi(n), e) = 1$. Sie wissen, dass $\varphi(n) = (p-1)(q-1)$. Die Daten, die öffentlich bereitgestellt werden, sind der Wert von $n$ und der Wert von $e$ (unter keinen Umständen legen wir die Werte $p$ und $q$ offen). Das Paar $(n,e)$ ist der öffentliche Schlüssel des Systems, und die Werte $p$ und $q$ werden als die RSA-Zahlen bezeichnet. Parallel dazu berechnet Julius den einzigen Wert von $d$ im Modulus $\varphi(n)$, für den $d \cdot e = 1$ ist, d. h. das Inverse von $e$ im Modulus $\varphi(n)$. Wir wissen, dass dieses Inverse existiert, weil ggT $(\varphi(n), e) = 1$. Dieser Wert $d$ ist der private Schlüssel des Systems. Peter wiederum verwendet den öffentlichen Schlüssel $(n, e)$, um die Nachricht $M$ mithilfe der Funktion $M = m^e \pmod{n}$ zu verschlüsseln. Nachdem Julius die Nachricht empfangen hat, führt er die Operation $M^d = (m^e)^d \pmod{n}$ aus. Dieser Ausdruck ist äquivalent zu $M^d = (m^e)^d = m \pmod{n}$, womit bewiesen ist, dass die Nachricht entschlüsselt werden kann.

Jetzt wenden wir dieses Verfahren mit spezifischen numerischen Werten an.

Wenn $p=3$ und $q=11$ ist, haben wir $n = 33$. $\varphi(33) = (3-1)\cdot(11-1) = 20$. Julius wählt ein $e$ aus, das keinen Teiler mit 20 gemeinsam hat, beispielsweise $e = 7$. Der öffentliche Schlüssel von Julius ist (33,7).

- In der Zwischenzeit hat Julius einen privaten Schlüssel $d$ berechnet, der die Inverse von 7 mod 20 ist, d. h. $7\cdot 3 \equiv 1 \pmod{20}$, und damit $d = 3$.
- Peter übernimmt den öffentlichen Schlüssel und will uns die Nachricht „9" senden. Um sie zu verschlüsseln, wendet er den öffentlichen Schlüssel von Julius an und löst auf:

$$9^7 = 4.782.969 \equiv 15 \pmod{33}$$

Die verschlüsselte Nachricht ist 15. Peter sendet uns die Nachricht.

Julius erhält die Nachricht 15 und entschlüsselt sie:

$$15^3 = 3.375 \equiv 9 \pmod{33}$$

Die Nachricht wurde korrekt entschlüsselt.

Wenn wir größere Primzahlen $p$ und $q$ auswählen, nimmt die Schwierigkeit der Implementierung des RSA-Algorithmus bis zu einem Punkt zu, an dem für die Berechnung der Lösungen ein Computer benötigt wird. Wenn beispielsweise $p = 23$ und $q = 17$ sind, dann ist $n = 391$. Für eine Klartextnachricht wie z. B. „34" lautet die Entschlüsselungsoperation:

$$204^{235} \equiv 34 \pmod{391}$$

Angesichts der Größenordnung können Sie sich vorstellen, welche Rechenleistung erforderlich ist, um die Lösung zu bestimmen.

## Warum sollten wir dem RSA-Algorithmus vertrauen?

Ein potenzieller Spion kennt die Werte von $n$ und von $e$, weil sie öffentlich sind. Um die Nachricht jedoch zu entschlüsseln, braucht er auch den Wert von $d$, den privaten Schlüssel. Wie im obigen Beispiel gezeigt, wird der Wert von $d$ aus $n$ und aus $e$ generiert. Woher also kommt die Sicherheit? Wir wissen, dass wir für die Festlegung von $d$ die Funktion $\varphi(n) = (p-1)(q-1)$ kennen müssen, insbesonder $p$ und $q$. Dazu ist es „ausreichend", $n$ in das Produkt von zwei Primzahlen $p$ und $q$ zu zerlegen. Das Problem für den Spion ist, dass die Faktorisierung einer großen Zahl als Produkt von zwei Primzahlen ein langsamer und aufwendiger Prozess ist. Wenn $n$

ausreichend groß ist (in der Ordnung von mehr als 100 Stellen), gibt es keine bekannte Methode, $p$ und $q$ innerhalb einer vertretbaren Zeit zu bestimmen. Heute haben die für die Verschlüsselung von sehr sensiblen Nachrichten verwendeten Primzahlen mehr als 200 Stellen.

## Vernünftiger Datenschutz

Der RSA-Algorithmus verbraucht extrem viel Rechenzeit, und man benötigt dafür hochleistungsfähige Prozessoren. Bis in die 80er-Jahre verfügten nur Regierungen, das Militär und große Unternehmen über ausreichend leistungsfähige Computer, um mit RSA arbeiten zu können. Damit genossen sie ein *De-facto*-Monopol für die effektive Verschlüsselung. Im Sommer 1991 bot Philip Zimmermann, ein amerikanischer Physiker, der sich für den Datenschutz starkgemacht hat, kostenlos das PGP-System (Pretty Good Privacy) an, einen Verschlüsselungsalgorithmus, der auch auf PCs funktioniert. PGP verwendet die klassische symmetrische Codierung – womit sie auf PCs schneller wird –, aber verschlüsselt die Schlüssel mit einem asymmetrischen RSA.

Zimmermann erklärte die Gründe für diese Maßnahme in einem offenen Brief, der hier zumindest teilweise zitiert werden soll, weil er so bemerkenswert vorhergesehen hat, wie wir 20 Jahre später leben, arbeiten und kommunizieren würden:

„Es gibt persönliche Dinge. Und private Dinge. Und die gehen niemand anderen etwas an. Vielleicht planen Sie eine politische Kampagne, tauschen Informationen über Ihre Steuern aus oder haben eine geheime Liebschaft. Oder Sie machen etwas, das Sie selbst nicht für verboten halten, das es aber letztlich doch ist. Egal, worum es geht, Sie wollen nicht, dass Ihre private E-Mail oder vertrauliche Dokumente von anderen gelesen werden. Und es ist keinesfalls verwerflich, Datenschutz für sich in Anspruch zu nehmen. Datenschutz muss eines unserer Grundrechte sein.
Wir sehen einer Zukunft entgegen, in der das Land von Glasfaserdatennetzen überzogen sein wird, die unsere zunehmend allgegenwärtig PCs verknüpfen. E-Mail wird keine Seltenheit mehr sein, so wie heute, sondern jeder wird darüber verfügen. Die Regierung wird unsere E-Mails mit Verschlüsselungsprotokollen schützen, die sie eigens dafür entwirft. Und die meisten Menschen werden sich das gefallen lassen. Aber vielleicht vertrauen einige Menschen lieber ihren eigenen Schutzmaßnahmen. … Wenn der Datenschutz gesetzlos wird, werden nur noch Gesetzlose Datenschutz haben.

## SICHERHEIT FÜR JEDERMANN

Philip Zimmermann, geboren 1954, ist ein amerikanischer Physiker und Softwareingenieur, der eine Bewegung anführt, die sich dafür einsetzt, dass die moderne Kryptografie jedermann zur Verfügung steht. Er rief das PGP-System ins Leben und entwickelte im Jahr 2006 Zfone, eine Software für die sichere Sprachkommunikation über das Internet. Er ist Vorsitzender der Open PGP Alliance, einer Lobby-Gruppe zugunsten von Open-Source-Software.

Geheimdienste haben Zugang zu guter Verschlüsselungstechnologie. Ebenso wie die großen Waffen- und Drogenhändler. Und Rüstungsunternehmen, Ölfirmen und andere Multis. Normale Menschen und kleine politische Organisationen hatten größtenteils keine Möglichkeit, eine erschwingliche militärtaugliche Verschlüsselungstechnologie mit öffentlichem Schlüssel anzuwenden. Bis heute. PGP gestattet den Anwendern, den Datenschutz selbst in die Hand zu nehmen. Es besteht eine enorme soziale Notwendigkeit in dieser Hinsicht. Deshalb habe ich es geschrieben."

Aus den Überlegungen Zimmermanns erkennen wir, dass der Preis für unser Dasein im Informationszeitalter ist, dass unsere traditionellen Vorstellungen von Datenschutz bedroht sind. Aus diesem Grund macht uns ein fundiertes Wissen über die Codier- und Verschlüsselungsmechanismen in unserem Umfeld nicht nur klüger, sondern erweist sich als enorm nützlich, wenn wir schützen wollen, was uns wertvoll ist. Der Einsatz von PGP nimmt seit seiner Einführung mehr und mehr zu und stellt mittlerweile das wichtigste private Verschlüsselungswerkzeug dar.

## Authentifizierung von Nachrichten und Schlüsseln

Die verschiedenen Systeme für die Verschlüsselung mit öffentlichen Schlüsseln – oder mit einer Kombination aus öffentlichen und privaten Schlüsseln, wie beispielsweise PGP – gewähren ein hohes Maß an Vertraulichkeit bei der Übertragung von Daten. Die Sicherheit eines komplexen Kommunikationssystems wie des Internets ist jedoch nicht durch Vertraulichkeit allein gewährleistet.

Vor der Einführung der modernen Kommunikationstechnologien stammten die allermeisten Nachrichten aus bekannten Quellen, wie beispielsweise Familie, Freunden oder einigen beruflichen Beziehungen. Heute dagegen wird jeder mit einer Kommunikationsflut aus unzähligen Quellen geradezu überschwemmt. Die Authentizität dieser Kommunikation kann häufig nicht durch einfaches Lesen festgestellt werden, wodurch die unterschiedlichsten Probleme entstehen. Wie können wir beispielsweise verhindern, dass jemand die Ursprungsadresse einer E-Mail fälscht? Diffie und Hellman selbst schlugen eine geniale Methode vor, mithilfe einer Verschlüsselung mit öffentlichem Schlüssel den Ursprung einer Nachricht zu authentifizieren. In einem Kryptografiesystem dieser Art verschlüsselt der Sender die Nachricht mit dem öffentlichen Schlüssel des Empfängers, der wiederum die Nachricht mit seinem privaten Schlüssel entschlüsselt. Diffie und Hellman erkannten, dass RSA und vergleichbare Algorithmen eine interessante Symmetrie aufwiesen. Der private Schlüssel konnte auch verwendet werden, um eine Nachricht zu verschlüsseln, und der öffentliche Schlüssel, um sie zu entschlüsseln. Diese Operation bietet zwar keine Sicherheit, weil der öffentliche Schlüssel jederzeit zur Verfügung steht, aber sie stellt sicher, dass die Nachricht von einem spezifischen Sender stammt, nämlich dem Eigentümer des privaten Schlüssels. Um den Sender einer Nachricht zu authentifizieren, ist es theoretisch ausreichend, der normalen Verschlüsselung eine zusätzliche Verschlüsselung hinzuzufügen, nämlich wie folgt:

1. Der Sender verschlüsselt eine Nachricht mit dem öffentlichen Schlüssel des Empfängers. Dieser erste Schritt sorgt für Vertraulichkeit.
2. Der Sender verschlüsselt die Nachricht erneut, jetzt mit seinem privaten Schlüssel. Auf diese Weise wird die Nachricht authentifiziert oder „signiert".
3. Der Empfänger macht die Verschlüsselung aus Schritt 2 unter Verwendung des öffentlichen Schlüssels des Senders rückgängig. Damit wird der Ursprung der Nachricht verifiziert.
4. Der Empfänger macht die Verschlüsselung aus Schritt 1 unter Verwendung seines privaten Schlüssels rückgängig.

## Hash-Funktionen

Eines der Probleme der oben dargelegten Theorie ist, dass für die Verschlüsselung des öffentlichen Schlüssels eine erheblicher Rechenleistung erforderlich ist, und die Wiederholung des Prozesses zur Signierung und Verifizierung jeder Nachricht wäre extrem zeitaufwendig. Aus diesem Grund erfolgt das Signieren einer Nachricht in der Praxis über mathematische Ressourcen, auch als *Hash*-Funktionen bezeichnet. Aus der Originalnachricht erzeugen diese Algorithmen eine einfache Bitkette (in der Regel 160 Bits), auch als *Hash* bezeichnet. Dies passiert auf eine Weise, dass die Wahrscheinlichkeit, dass unterschiedliche Nachrichten demselben Hash zugeordnet werden, gegen null geht. Außerdem ist es praktisch unmöglich, diesen Prozess rückgängig zu machen und aus dem Hash die Originalnachricht zu ermitteln. Der Hash einer Nachricht wird vom Sender mit dessen privatem Schlüssel verschlüsselt und zusammen mit der verschlüsselten Nachricht auf die übliche Weise gesendet. Der Empfänger entschlüsselt die Nachricht, die den Hash enthält, mit dem öffentlichen Schlüssel des Senders. Anschließend und unter der Voraussetzung, dass er die vom Sender verwendete Hash-Funktion kennt, wendet er diese Funktion auf die Nachricht an und vergleicht die beiden Hashes. Wenn sie übereinstimmen, ist die Identität des Senders sichergestellt, d. h., die Originalnachricht kann nicht von jemandem anderen als dem Sender stammen.

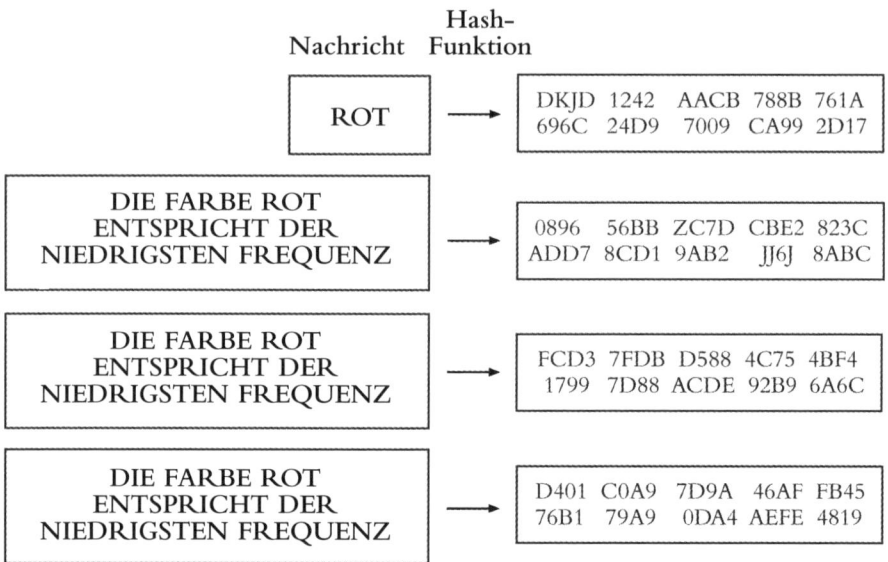

*Winzige Änderungen am Inhalt der Nachricht führen zu völlig unterschiedlichen „Hashes".*
*Auf diese Weise kann der Empfänger sicher sein, dass der Text nicht manipuliert wurde.*

## Zertifikate öffentlicher Schlüssel

Das wichtigste Problem bei einem Kryptografiesystem mit öffentlichem Schlüssel ist jedoch nicht die Authentifizierung von Nachrichten, sondern vielmehr die Authentifizierung der eigentlichen öffentlichen Schlüssel. Woran erkennen der Sender und der Empfänger, dass der öffentliche Schlüssel des jeweils anderen gültig ist? Angenommen, ein Spion täuscht den Sender, indem er ihm seinen eigenen öf-

### DIGITALE STEGANOGRAFIE

Es scheint vielleicht paradox, aber die Entwicklung der neuen Technologien hat zum Wiederaufleben der Steganografie geführt. Eine herkömmliche Audiodatei besteht aus Werten mit je 16 Bit, die mit einer Rate von 44,1 kHz wiedergegeben werden. Es ist ganz einfach, einige dieser Bits zu nutzen, um eine geheime Nachricht zu übertragen, ohne dass der Zuhörer irgendeinen Unterschied im Klang bemerkt. Ebenso können Bilddateien genutzt werden, um verborgene Informationen zu übertragen.

*Ein Beispiel für digitale Steganografie: Die Zahl Pi mit vier Dezimalstellen ist in einem winzigen Fragment eines größeren Bildes enthalten. Links ist das Foto scheinbar normal dargestellt, rechts die Pixel aus dem kleinen Bereich, der die Zahl 3,1415 verbirgt.*

fentlichen Schlüssel übergibt, und ihn dabei glauben macht, dass es sich um den Schlüssel des Empfängers handelt. Wenn der Spion eine Nachricht abfängt, kann er jetzt seinen privaten Schlüssel anwenden, um die Nachricht zu entschlüsseln. Um zu vermeiden, enttarnt zu werden, nutzt der Spion den öffentlichen Schlüssel des Empfängers, um die Nachricht wieder zu verschlüsseln und weiter an das beabsichtigte Ziel zu senden.

Aus diesem Grund gibt es sowohl öffentliche als auch private Organisationen, die eine unabhängige Zertifizierung öffentlicher Schüssel anbieten. Ein Zertifikat dieses Typs enthält neben dem entsprechenden Schlüssel Informationen über den Empfänger und ein Ablaufdatum. Die Inhaber solcher Schlüssel veröffentlichen ihre Zertifikate, die dann mit einem gewissen Maß an Sicherheit genutzt und ausgetauscht werden können.

## Ist Einkaufen im Internet sicher?

Die meisten Onlinespione und Hacker sind wenig interessiert an den Nachrichten, die ganz normale Menschen austauschen, mit einer wichtigen Ausnahme: den Nummern ihrer Kreditkarten. Das Kryptografiesystem, das die Übertragung solcher sensiblen Datenabschnitte („Layers", wie es im Fachjargon heißt) schützt, wird auch als TLS bezeichnet (Transport Layer Security). Es wurde 1994 vom Internetsoftware-Unternehmen Netscape entwickelt und zwei Jahre später als weltweiter Standard übernommen.

Das TLS-Protokoll kombiniert öffentliche und symmetrische Schlüssel in einem relativ komplexen Prozess, der hier kurz zusammengefasst wird. Zuerst überprüft der Webbrowser des Onlineeinkäufers, ob der Onlineverkäufer ein gültiges Zertifikat für den öffentlichen Schlüssel besitzt. Ist dies der Fall, verwendet er diesen öffentlichen Schlüssel, um einen zweiten Schlüssel symmetrisch zu verschlüsseln, den er an den Verkäufer sendet. Der Verkäufer nutzt dann seinen privaten Schlüssel, um die Nachricht zu entschlüsseln und den symmetrischen Schlüssel zu erhalten, der wiederum verwendet wird, um alle zu verarbeitenden Informationen zu entschlüsseln. Wenn ein Spion bei einer Onlinetransaktion also eine Kreditkartennummer ausspäht, muss er nicht ein, sondern zwei Verschlüsselungssysteme durchdringen.

# 6. Kapitel
# Ein Quantum Zukunft

Philip Zimmermann (siehe Seite 108, Sicherheit für jedermann) schreibt im Buch *The Code Book* von Simon Singh: „In der modernen Kryptografie ist es möglich, Chiffren zu erstellen, die alle bekannten Formen der Krytpanalyse weit hinter sich lassen." Wie wir erfahren haben, ist selbst die Rechenleistung der schnellsten Computer kaum ausreichend, um Verschlüsselungsalgorithmen wie RSA oder DES und selbst gemischte Systeme wie PGP nach der Brute-Force-Methode zu knacken. Kann angenommen werden, dass irgendeine mathematische Abkürzung zukünftig die Komplexität der Kryptanalyse reduzieren könnte? Man kann diese Möglichkeit nicht ganz verwerfen, aber niemand hält sie für sehr wahrscheinlich.

Hat Zimmermann recht? Wurde der jahrtausendealte Konflikt zwischen Kryptografen und Kryptanalytikern gelöst?

## Quanten-Computing

Es gibt keine klare Antwort. In den letzten Jahren des 20. Jahrhunderts wurde das Quanten-Computing eingeführt, eine neue und revolutionäre Weise, Computer zu entwerfen und einzusetzen. Der Quantencomputer befindet sich auch heute noch in der theoretischen Phase, aber er könnte irgendwann die Rechenleistung aufweisen, die heutigen Verschlüsselungsalgorithmen durch „Trial & Error", also durch Probieren zu knacken.

Diese in der Entwicklung befindliche technologische Revolution basiert auf der *Quantenmechanik*, einem Theoriegebäude, das Anfang des letzten Jahrhunderts von Wissenschaftlern wie dem Dänen Niels Bohr (1885–1962), dem Briten Paul Dirac (1902–1984), den Deutschen Max Planck (1858–1947) und Werner Heisenberg (1901–1976) und dem Österreicher Erwin Schrödinger (1887–1961) entwickelt wurde. Die Vorstellung des Universums im Einklang mit der Quantenmechanik ist so enorm kontra-intuitiv, dass Albert Einstein sie ablehnte und seinen berühmten Ausspruch prägte: „Gott würfelt nicht." Trotz der Vorbehalte von Einstein wurde die Theorie der Quantenmechanik bei zahlreichen Gelegenheiten erfolgreich überprüft, und ihre Gültigkeit steht mittlerweile außer Frage. Die gesamte

Wissenschaftsgemeinde geht davon aus, dass das Universum auf makroskopischer Ebene – d. h. die Welt der Sterne, der Häuser und der Moleküle – den Gesetzen der klassischen Physik folgt. In der Quantenwelt – dem Reich der unglaublich kleinen subatomaren Teilchen, wie beispielsweise Quarks, Photonen, Elektronen usw. –, gelten dagegen andere Gesetze, die zu erstaunlichen Paradoxa führen. Ohne diese Theorie gäbe es weder Kernreaktoren noch Laser-Lesegeräte. Es gäbe keine Möglichkeit, das Leuchten der Sonne oder die Funktionsweise der DNA zu erklären.

Niels Bohr *(links)* mit Max Planck, *zwei Väter der Quantenphysik, auf einem Foto von 1939.*

## Die Katze, die weder tot noch lebendig war

In einer Konferenz über Quantenphysik 1958 äußerte Bohr seine Meinung über den Vorschlag eines der Sprecher wie folgt: „Wir sind uns alle einig, dass diese Theorie verrückt ist. Uneinig sind wir uns darüber, ob sie verrückt genug ist, um eine Chance zu haben, richtig zu sein." Wie verrückt ist die Quantenmechanik wirklich? Als Beispiel betrachten wir die Überlagerung von Zuständen. Ein Partikel stellt eine Überlagerung von Zuständen dar, wenn es mehrere Positionen gleichzeitig hat oder wenn es gleichzeitig unterschiedliche Energiemengen besitzt. Wenn jedoch ein Beobachter das Partikel misst, hat es immer eine einzige Position oder es besitzt eine bestimmte Energiemenge.

Schrödinger selbst erfand ein Gedankenexperiment, bezeichnet als „Schrödingers Katze", um diese scheinbar irrwitzige Vorstellung zu verdeutlichen. Stellen Sie sich vor, eine Katze befindet sich in einer verschlossenen, undurchsichtigen Kiste. Innerhalb der Kiste gibt es auch eine Flasche mit Giftgas, die auf irgendeine Art mit einem radioaktiven Partikel verbunden ist, sodass wenn das Partikel zerfällt, das Gas aus dem Behälter austritt und die Katze vergiftet. Für das betreffende Partikel besteht eine Wahrscheinlichkeit von 50 Prozent, dass es innerhalb eines bestimmten Zeitraums zerfällt. Die ganze Versuchseinrichtung unterliegt den Gesetzen der Quantenphysik, da sie vom Verhalten eines einzigen Partikels abhängig ist.

Schrödingers Katze *ist ein Gedankenexperiment, das das Konzept der Überlagerung von Zuständen in der Quantentheorie verdeutlicht.*

Angenommen, der festgelegte Zeitraum ist vergangen. Die Frage lautet: Lebt die Katze, oder ist sie tot? Oder im Jargon der Quantenmechanik: Welchen Zustand hat das Kiste-Katzen-System? Die Antwort auf die Frage lautet: Bis der Beobachter die Kiste öffnet und den Zustand des Systems „misst", kann das Partikel zerfallen sein oder nicht. Das bedeutet, es gibt ein System überlagerter Zustände: Die Katze ist streng genommen weder tot noch lebendig, sondern beides gleichzeitig.

Für all diejenigen, die die Überlagerung von Zuständen für eine weit hergeholte Hypothese halten, soll gesagt werden, dass anerkannte Physiker abweichende Interpretationen vorgeschlagen haben. Die Theorie der *Viele-Welten-Interpretation* besagt, dass das Konzept der Überlagerung von Zuständen eine unhaltbare These ist, und dass es in der Realität für jeden der möglichen Zustände, die ein Partikel annehmen kann – Position, Energiemenge usw. –, eine alternative Welt gibt, wo das Partikel einen spezifischen Zustand annimmt. Mit anderen Worten, in einer Welt ist die Katze in der Kiste lebendig, in einer anderen Welt ist sie tot. Wenn der Beobachter die Kiste öffnet und feststellt, dass unsere Samtpfote lebt, dann macht er das in nur einer der möglichen Welten. In einer Parallelwelt – komplett mit eigenen Sternen, Planeten, Bahnhöfen und Ameisen – blickt derselbe Beobachter in dieselbe Kiste und stellt betrübt fest, dass die Katze dem tödlichen Gift erlegen ist. Die Verfechter der Interpretation möglicher Welten haben noch nicht geklärt, wie diese Welten zusammenhängen. Die Theorie zeigt jedoch, dass eigentlich nur fraglich ist, warum sich die Quantenrealität so verhält, und nicht das Verhalten selbst, das in zahlreichen schlüssigen Experimenten bestätigt werden konnte.

## Vom Bit zum Qubit

Wie hängen jedoch die Überlagerung und die Rechenleistung zusammen – ganz zu schweigen von der Kryptografie? Bis 1984 hätte niemand auch nur daran gedacht, eine Beziehung zwischen diesen beiden Bereichen herzustellen. Um diese Zeit begann der britische Physiker David Deutsch, eine revolutionäre Idee zu verbreiten: Was wäre, wenn Computer nicht mehr den Gesetzen der klassischen Physik unterlägen, sondern stattdessen die Gesetze der Quantenmechanik anwenden würden? Wie könnte die Rechenleistung von der Überlagerung von Partikelzuständen profitieren? Wir wissen, dass die herkömmlichen Computer winzige Informationseinheiten verarbeiten, sogenannte Bits, die zwei entgegengesetzte Werte annehmen können: 0 und 1. Ein Quantencomputer dagegen könnte als kleinste Informationseinheit ein Partikel verwenden, das zwei mögliche Zustände darstellt. Beispielsweise kann der Spin eines Elektrons nur in eine von zwei Richtungen verlaufen, nach oben oder nach unten. Dieses Partikel hätte die fantastische Eigenschaft, den Wert 0 (Spin nach unten) oder den Wert 1 (Spin nach oben) darzustellen. Durch die Überlagerung der Spin-Zustände könnte es die beiden Werte gleichzeitig darstellen. Diese neue Informationseinheit wird als Qubit bezeichnet, eine Abkürzung für Quantum-Bit, und seine Verarbeitung könnte das Tor zu einer Welt ultraleistungsfähiger Computer öffnen.

Ein herkömmlicher Computer führt seine Berechnungen sequenziell aus. Betrachten wir beispielsweise die numerische Information, die in 32 Bits enthalten ist. Mit dieser Anzahl Bits können wir Zahlen von 0 bis 4.292.967.295 verschlüsseln. Wenn ein herkömmlicher Computer eine spezifische Zahl innerhalb dieser Gruppe finden sollte, musste er sie mit jeder Zahl der Gruppe nacheinander vergleichen. Ein Quantencomputer dagegen könnte die Aufgabe sehr viel schneller erledigen. Um zu verdeutlichen, wie das passieren könnte, stellen wir uns vor, wir können 32 Elektronen in einem speziellen Behälter platzieren und sie in eine Zustandsüberlagerung bringen. Wenn wir dann elektrische Impulse anlegen, die stark genug sind, um den Spin eines Elektrons umzukehren, würden diese 32 Elektronen – die Qubits unseres Quantencomputers – alle möglichen Kombinationen aus Aufwärts-Spin (1) und Abwärts-Spin (0) gleichzeitig darstellen. Damit könnte die Suche nach der gewünschten Zahl für sämtliche möglichen $2^{32}$ Zahlen gleichzeitig stattfinden. Wenn wir die Menge der Qubits auf beispielsweise 300 erhöhen, könnten gleichzeitig ca. $10^{90}$ Operationen stattfinden, das sind etwas mehr als die Anzahl der Atome, aus denen unser Universum schätzungsweise besteht. Die Arbeit von Deutsch ergab, dass Quantencomputer theoretisch möglich sind. Dass sie eines Tages zur praktischen Wirklichkeit werden, ist das Ziel Dutzender von Einrichtungen und Forschungsgruppen auf der ganzen Welt. Bisher konnten jedoch die Schwierigkeiten beim Bau eines brauchbaren Quantencomputers nicht überwunden werden. Im Labor ist es bisher erst gelungen, 14 Qubits zu erzeugen (Stand 2011). Experten erwarten aber bereits in wenigen Jahren den Durchbruch zur kommerziellen Nutzung.

## Das Ende der Kryptografie?

Die Einführung von Quantencomputern würde zum Ende der Kryptografie führen, wie wir sie heute kennen. Betrachten wir den Star der modernen Verschlüsselungsalgorithmen, RSA. Um RSA-Codes erfolgreich zu knacken, muss für den

---

### EIN BIG BROTHER FÜR DAS 21. JAHRHUNDERT

Der Bau eines brauchbaren Quantencomputers hätte nicht nur die Folge, dass die Kryptografie, wie wir sie heute kennen, völlig zusammenbrechen würde. Die damit freigesetzte Rechenleistung könnte das Gleichgewicht der Weltherrschaft verschieben. Der Kampf darum, das erste Land zu sein, das eine solche Technologie besitzt, könnte zum nächsten Technologierennen werden, vergleichbar mit dem Wettrennen um die Eroberung des Weltraums und den Besitz von Waffen in der zweiten Hälfte des 20. Jahrhunderts. Der Gedanke, dass entscheidende Fortschritte in diesem Bereich am besten geheim gehalten werden, um die nationale Sicherheit zu schützen, ist durchaus naheliegend. Gibt es womöglich irgendwo auf der Welt einen gekühlten unterirdischen Tunnel, wo ein Quantencomputer darauf wartet, in Betrieb genommen zu werden, um unser Leben dauerhaft zu ändern?

---

## AUF WIEDERSEHEN, DES!

Zwei Jahre, nachdem Shor demonstriert hatte, dass ein Quantencomputer die RSA-Chiffre knacken könnte, konnte ein anderer Amerikaner, Lov Grover, dasselbe für eine weitere Säule der modernen Kryptografie zeigen, den DES-Algorithmus. Grover entwarf ein Programm, das einem Quantencomputer ermöglichen würde, den korrekten numerischen Wert aus einer Liste möglicher Werte innerhalb einer Zeit zu finden, die der Wurzel der Zeit entspricht, die es mit einem herkömmlichen Computer gedauert hätte. Ein weiterer gebräuchlicher Algorithmus, der von dieser Erfindung betroffen sein könnte, ist RC5, der von den Webbrowsern von Microsoft verwendete Standard.

Brute-Force-Ansatz das Produkt zweier sehr großer Primzahlen erfolgreich zerlegt werden, wie bereits beschrieben. Diese Operation ist extrem arbeitsaufwendig, und bisher wurde keine mathematische Abkürzung dafür gefunden. Könnte ein Quantencomputer die Faktorisierung von Primzahlen in der Größe leisten, wie sie von RSA-Codes verwendet werden? Peter Shor, der amerikanische Informatiker, bestätigte dies im Jahr 1994. Shor entwickelte einen Algorithmus, den ein Quantencomputer ausführen könnte und der in der Lage wäre, enorm viele Zahlen in unendlich kürzerer Zeit als der leistungsfähigste konventionelle Computer zu zerlegen. Wenn dieses erstaunliche Gerät je gebaut werden sollte, wird der Algorithmus von Shor stückweise die leistungsfähige Kryptografie-Infrastruktur zerstören, die um RSA herum aufgebaut wurde, und über Nacht kämen die geheimsten Informationen der Welt zutage. Alle heutigen Verschlüsselungssysteme würden denselben Weg gehen. Ganz wie Mark Twain könnten wir sagen, dass die Berichte über den Tod der Kryptanalyse „stark übertrieben" waren.

## Was die Quantenmechanik nimmt, gibt sie auch wieder

Eine der Grundlagen der Quantenmechanik wird auch als die *Unschärferelation* bezeichnet, formuliert 1927 Werner Heisenberg. Obwohl die genaue Darstellung sehr technisch ist, wagte Heisenberg es, sie wie folgt zusammenzufassen: „Im Prinzip können wir die Gegenwart nicht bis ins Detail kennen." Genauer gesagt, es ist unmöglich, bestimmte komplementäre Eigenschaften eines Partikels zu jedem Moment mit beliebiger Genauigkeit zu bestimmen. Betrachten wir etwa den Fall von Lichtpartikeln (Photonen). Eine ihrer grundlegenden Eigenschaften ist ihre Polarisation, ein technischer Begriff, der sich auf die Oszillation oder Schwingung einer elektromagnetischen Welle bezieht. [Obwohl Photonen in alle Richtungen schwingen, wollen wir für diese kurze Ausführung annehmen, dass sie in vier Richtungen schwingen: vertikal (↕), horizontal (↔), diagonal nach links (↖) und diagonal nach rechts (↗).] Das Prinzip von Heisenberg besagt nun, dass die einzige Möglichkeit, die Polarisation eines bestimmten Photons zu verifizieren, ist, es durch einen Filter oder „Schlitz" zu schicken, der wiederum horizontal, vertikal oder diagonal nach links oder rechts orientiert sein kann. Die horizontal polarisierten Photonen durchlaufen den horizontalen Filter unverändert, während die vertikal polarisierten Photonen blockiert werden. Photonen, die diagonal polarisiert sind, gelangen zur Hälfte durch den Filter, wobei ihre Polarisation so geändert wird, dass sie horizontal verläuft, und die andere Hälfte prallt völlig zufallsbedingt ab. Darüber hinaus kann man für ein Photon, nachdem es durch den Filter gegangen ist, nicht mehr mit Sicherheit sagen, welche Polarisation es ursprünglich hatte.

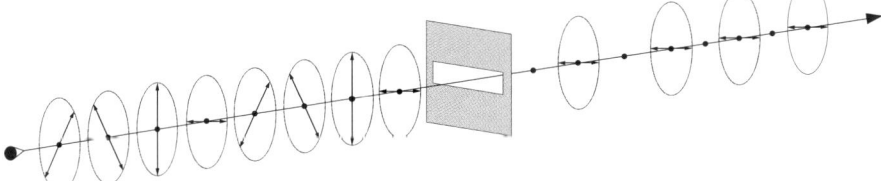

*Wenn wir mehrere Photonen unterschiedlicher Polarisation durch einen horizontalen Filter schicken, erkennen wir, dass die Hälfte der diagonal orientierten den Filter durchläuft, wobei ihre Polarisation so geändert wird, dass sie horizontal verläuft.*

Welche Beziehung besteht zwischen der Polarisation von Photonen und der Kryptografie? Eine sehr maßgebliche, wie wir nachfolgend erkennen werden. Betrachten wir uns zunächst als Forscher, der die Polarisation einer Reihe von Photonen ermitteln will. Dazu hat er keine andere Möglichkeit, als einen Filter mit einer festen Ausrichtung zu verwenden, beispielsweise horizontal. Angenommen, ein Photon durchläuft den Filter. Welche Information kann der Forscher daraus ableiten? Natürlich kann er davon ausgehen, dass die ursprüngliche Polarisation des Photons nicht vertikal war. Kann er weitere Annahmen treffen? Nein. Zunächst könnte man denken, es bestünde eine höhere Wahrscheinlichkeit, dass das ursprüngliche Photon horizontal statt vertikal polarisiert war, weil die Hälfte der diagonal polarisierten Photonen den Filter nicht durchdringen könnte. Jedoch ist die Anzahl der diagonal polarisierten Photonen auch doppelt so groß wie die der horizontalen. Beachten Sie, dass die Schwierigkeit, die Polarisation eines Photons zu erkennen, nicht das Ergebnis eines technologischen oder theoretischen Defizits ist, das irgendwann in der Zukunft behoben werden könnte. Sie liegt vielmehr im Wesen der subatomaren Realität. Wenn diese Eigenschaft auf geeignete Weise genutzt wird, kann damit ein Code erstellt werden, der nicht mehr geknackt werden kann: der Heilige Gral der Kryptografie.

## Die nicht entschlüsselbare Chiffre

1984 entwickelten der Amerikaner Charles Bennett und der Kanadier Gilles Brassard die Idee eines Verschlüsselungssystems, das auf der Übertragung polarisierter Photonen basierte. Im ersten Schritt einigen sich der Sender und der Empfänger über eine Methode, einer Polarisation oder einer anderen die Werte 0 oder 1 zuzuordnen. In unserem Beispiel ist die Zuordnung von 0 und 1 eine Funktion von zwei Diagrammen oder Polarisationsbasen: Die erste sogenannte geradlinige Basis wird durch das Symbol + dargestellt. Sie bildet die 1 auf die Polarisation ↕ ab und die 0 auf die Polarisation ↔. Die zweite sogenannte diagonale Basis wird durch das Symbol X dargestellt. Sie bildet die 1 auf die Polarisation ↗ ab und die 0 auf ↘. Die Nachricht 0100101011 könnte beispielsweise wie folgt übertragen werden:

| Nachricht | 0 | 1 | 0 | 0 | 1 | 0 | 1 | 0 | 1 | 1 |
|---|---|---|---|---|---|---|---|---|---|---|
| Basis | × | + | + | × | + | × | × | + | × | + |
| Übertragung | ↘ | ↕ | ↔ | ↘ | ↕ | ↘ | ↗ | ↔ | ↗ | ↕ |

Wenn ein Spion die Übertragung abfängt, kennt er die verwendete Basis nicht, kann also beliebig voreingestellte Filter anwenden, z. B.:

| Original-nachricht | ↘ | ↕ | ↔ | ↘ | ↕ | ↘ | ↗ | ↔ | ↗ | ↕ |
|---|---|---|---|---|---|---|---|---|---|---|
| Filter | × | | | | | | | | | |
| Erkannte Polarisierung | ↘ | ↘ oder ↗ | ↘ oder ↗ | ↘ | ↘ oder ↗ | ↘ | ↗ | ↘ oder ↗ | ↗ | ↘ oder ↗ |
| Mögliche Nachricht | ↘ ↕ ↔ | oder ↘ ↗ ↕ ↕ | oder ↘ ↗ ↕ ↔ | oder ↘ ↔ | oder ↘ ↗ ↕ ↕ | oder ↘ ↗ ↕ ↔ | ↘ ↕ | oder ↘ ↗ ↕ ↕ | ↘ ↕ ↔ | oder ↘ ↗ ↕ ↕ |

Wie wir sehen, kann der Spion keine relevanten Informationen aus der festgestellten Polarisation ableiten, wenn er die Originalbasis nicht kennt. Auch wenn er das vom Sender und vom Empfänger verwendete Schema für die Zuordnung von 0 und 1 kennt, und die Basis zufällig geändert wird, liegt der Spion in ca. einem Drittel der Fälle falsch (die Tabelle zeigt eine Aufgliederung aller möglichen Kombinationen für das Senden und das Empfangen unter den beschriebenen Bedingungen). Es gibt jedoch ein ganz offensichtliches Problem: Der Empfänger befindet sich in keiner besseren Position als der Spion.

An diesem Punkt könnten der Sender und der Empfänger das Problem lösen, indem sie einander die Abfolge der verwendeten Basen über ein sicheres Medium schicken, beispielsweise durch Verschlüsselung mit RSA. Damit wäre jedoch die Sicherheit die Chiffre durch die hypothetischen Quantencomputer bedroht.

Um dieses letzte Hindernis zu überwinden, mussten Brassard und Bennet ihre Methode noch einmal verfeinern. Der Leser weiß, dass die Achillesferse der polyalphabetischen Chiffren aus der Familie der Vigenère-Quadrate die Verwendung kurzer, wiederholter Schlüssel war, die eine Regelmäßigkeit in der Chiffre erzeugte, die eine kleine, aber maßgebliche Chance für den Kryptanalytiker darstellte. Was passiert jedoch, wenn als Schlüssel eine zufällige Zeichenkette verwendet wird, die länger als die eigentliche Nachricht ist? Und was wäre, wenn zur weiteren Steigerung der Sicherheit jede noch so kleine und unbedeutende Nachricht mit einem anderen Schlüssel verschlüsselt würde? Die Antwort lautet: Damit hätten wir eine nicht mehr zu entschlüsselnde Chiffre. Der Erste, der die Verwendung der polyalphabetischen Chiffre mit einem eindeutigen Schlüssel vorschlug, war Joseph Mauborgne. Kurz nach dem Ersten Weltkrieg, während dessen er Generalmajor des Signal-Corps für den amerikanischen Kryptografie-Service war, entwickelte Mauborgne einen Notizblock mit Schlüsseln, die aus zufälligen Folgen von je mehr als 100 Zeichen bestanden und die der Sender und der Empfänger erhielten, mit der Anweisung, einen verwendeten Schlüssel zu zerstören und für die nächste Operation den nächsten Schlüssel zu verwenden. Dieses System, auch als One-Time-Pad (Einmalschlüssel-Verfahren) bezeichnet, ist, wie wir bereits erwähnt haben, nicht zu knacken, was auch mathematisch dargelegt werden kann. Die geheimsten Mitteilungen zwischen einigen Regierungschefs werden nach dieser Methode übertragen.

Wenn die durch das Einmalschlüssel-Verfahren erzeugte Chiffre so sicher ist, warum wird sie dann nicht allgemein eingesetzt? Warum machen wir uns Gedanken über Quantencomputer und beschäftigen uns sogar mit der Manipulation von Photonen?

Abgesehen von den logistischen Problemen, Tausende zufälliger Einmalschlüssel zu generieren, um dieselbe Anzahl an Nachrichten zu verschlüsseln, weist die Chiffre des Einmalschlüssel-Verfahrens dieselbe Schwäche auf wie die anderen klassischen Verschlüsselungsalgorithmen: Die Schlüsselverteilung, also genau die Komponente, für die die moderne Kryptografie so dringend eine Lösung gesucht hat.

| Basis des Senders | Bit des Senders | Der Sender überträgt | Detektor des Empfängers | Ist der Detektor korrekt? | Der Empfänger erkennt | Bit des Empfängers | Ist das Bit des Empfängers korrekt? |
|---|---|---|---|---|---|---|---|
| DIAGONAL | 1 | ↗ | ⊞ | Nein | ↕ | 1 | Ja |
| | | | | | ↔ | 0 | Nein |
| | | | ⊠ | Ja | ↗ | 1 | Ja |
| | 0 | ↘ | ⊞ | Nein | ↕ | 1 | Nein |
| | | | | | ↔ | 0 | Ja |
| | | | ⊠ | Ja | ↘ | 0 | Ja |
| GERADLINIG | 1 | ↕ | ⊞ | Ja | ↕ | 1 | Ja |
| | | | ⊠ | Nein | ↘ | 0 | Nein |
| | | | | | ↗ | 1 | Ja |
| | 0 | ↔ | ⊞ | Ja | ↔ | 0 | Ja |
| | | | ⊠ | Nein | ↗ | 1 | Nein |
| | | | | | ↘ | 0 | Ja |

Die Übertragung von Information über polarisierte Photonen ist der perfekte Kanal für die gefahrlose Übertragung eines eindeutigen Schlüssels. Dazu sind vor der Übertragung der Nachricht drei Schritte erforderlich:

1. Zuerst sendet der Sender dem Empfänger eine zufällige Sequenz aus 1 und 0 über eine zufällige Sequenz unterschiedlicher Filter in vertikaler (↕), horizontaler (↔) und diagonaler (↘, ↗) Ausrichtung.

## DIE BABEL-NACHRICHT

Der argentinische Schriftsteller Luis Borges schrieb die Kurzgeschichte *Die Bibliothek von Babel*. Dabei geht es um eine Bibliothek, die so groß ist, dass alle Bücher der Welt in ihren Regalen stehen: Jeder Roman, jedes Gedicht und jede These, die Gegendarstellung dieser Thesen und die Gegendarstellungen der Gegendarstellungen usw., bis hin zur Unendlichkeit. Ein Kryptanalytiker, der versucht, eine mit dem Einmalschlüssel-Verfahren verschlüsselte Nachricht durch „Trial & Error" zu entschlüsseln, würde auf eine vergleichbare Situation treffen. Die Chiffre ist völlig zufällig, deshalb würde die mögliche Entschlüsselung alle möglichen Texte derselben Länge umfassen: die eigentliche Nachricht, aber auch eine (kurze) Gegendarstellung der Nachricht sowie dieselbe Nachricht, in der alle Substantive durch andere Substantive derselben Länge ersetzt wurden, usw.

2. Der Empfänger misst die Polarisation der empfangenen Photonen mit zufälligem Wechsel zwischen geradlinigen Basen (+) und diagonalen Basen (X). Er kennt die vom Sender verwendete Filtersequenz nicht, deshalb ist auch ein Großteil der Folge aus 0 und 1 falsch.

3. Schließlich nehmen der Sender und der Empfänger auf irgendeine Weise Kontakt auf, ohne darauf achten zu müssen, ob es sich dabei um einen unsicheren Kanal handelt, und tauschen die folgende Informationen aus: Zuerst erklärt der Sender, welche Basis (geradlinig oder diagonal) verwendet werden muss, um jedes Photon korrekt zu lesen, aber ohne seine Polarisation offenzulegen (d. h. den verwendeten Filter). Der Empfänger wiederum teilt ihm mit, in welchen Fällen er die richtige Basis ausgewählt hat. Wie wir in der obigen Tabelle erkennen, können wir sicher sein, dass die Übertragung der Nullen und Einsen korrekt war, wenn Sender und Empfänger ihre jeweiligen Basen korrekt abgestimmt haben. Zum Schluss verwerfen sie stillschweigend alle Bits, die den Photonen entsprechen, die der Empfänger mit der falschen Basis identifiziert hat.

Das Ergebnis dieses Prozesses ist, dass der Sender und der Empfänger jetzt eine Sequenz aus 1 und 0 gemeinsam haben, die völlig zufällig erzeugt wurde: Die Auswahl der Polarisationsfilter, die der Sender verwendet, erfolgt zufällig, ebenso wie die Auswahl der Basen, die der Empfänger verwendet. Die folgende Zeichnung zeigt ein kleines Beispiel mit 12 Bits für den oben beschriebenen Prozess:

| Bits des Senders | 0 | 1 | 1 | 0 | 1 | 1 | 1 | 0 | 0 | 0 | 0 | 1 |
|---|---|---|---|---|---|---|---|---|---|---|---|---|
| Detektor des Empfängers | + | × | × | + | × | + | × | + | + | × | + | × |
| Der Empfänger erkennt | 1 | 1 | 1 | 0 | 1 | 0 | 1 | 0 | 0 | 0 | 0 | 1 |
| Beibehaltene Bits | – | 1 | – | 0 | 1 | – | – | 0 | 0 | 0 | 0 | 1 |

Beachten Sie die Tatsache, dass von den endgültig beibehaltenen Bits einige verworfen werden, auch wenn sie korrekt interpretiert wurden. Dies erfolgt, weil der Empfänger nicht sicher sein kann, ob er sie korrekt erkannt hat, weil er die falschen Basen angewendet hat. Wenn die anfängliche Übertragung aus einer ausreichenden Anzahl an Photonen besteht, ist die Folge aus 1 und 0 lang genug, um eine Einmalschlüssel-Chiffre zu bilden, die Nachrichten normaler Länge verschlüsseln kann.

Jetzt stellen wir uns vor, wir sind ein Spion, der die gesendeten Photonen und die öffentlichen Konversationen des Senders und des Empfängers abgefangen hat. Wir haben bereits gesehen, dass es ohne die genaue Kenntnis, welche Polarisationsfilter vom Sender der Nachricht verwendet wurden, unmöglich festzustellen ist, wann wir die korrekte Polarisation gefunden haben. Und auch die zwischen Sender und Empfänger ausgetauschte Information ist nicht von Nutzen, weil sie nie Informationen über die spezifischen Polarisationen austauschen.

Was für den Spion noch frustrierender ist: Wenn er nicht die korrekte Basis getroffen hat und deshalb die Polarisation des Photons verändert hat, wird sein Eindringen unweigerlich erkannt. Für den Sender und den Empfänger ist es ausreichend, einen ausreichend langen Teil des Schlüssels zu überprüfen, um festzustellen, ob ein Lauscher die Polarisierung der Photonen verändert hat.

Dazu einigen sich der Sender und der Empfänger auf ein sehr einfaches Prüfprotokoll. Nach den drei oben beschriebenen vorbereitenden Schritten und mit genügend beibehaltenen Bits nimmt der Sender Kontakt mit dem Empfänger auf, wieder über ein konventionelles Medium, und gemeinsam überprüfen sie eine Gruppe

(z. B. 100) zufällig ausgewählter Bits. Wenn die 100 übereinstimmen, können der Sender und der Empfänger völlig sicher sein, dass kein Spion die Übertragung ausspioniert hat, und sie können die Sequenz als gute Einmalschlüssel-Chiffre betrachten. Andernfalls müssen der Sender und der Empfänger den Prozess von vorne starten.

## 32 cm absolute Sicherheit

Die Methode von Brassard und Bennet ist theoretisch einwandfrei, aber als die Theorie irgendwann in die Praxis umgesetzt wurde, stand man ihr mit größter Skepsis gegenüber. 1989, nach mehr als einem Jahr harter Arbeit, optimierte Bennett ein System, das aus zwei Computern bestand, die 32 cm voneinander entfernt aufgestellt waren, die als Sender und als Empfänger agierten. Nach mehreren Versuchen und Anpassungen, die über mehrere Stunden gingen, wurde das Experiment als Erfolg betrachtet. Der Sender und der Empfänger konnten alle Phasen des Prozesses durchführen und konnten sogar ihre jeweiligen Chiffren verifizieren. Die Quanten-Kryptografie war möglich.

Das historische Experiment von Bennet hatte den offensichtlichen Makel, dass die Geheimnisse nur über eine sehr kurze Distanz übertragen werden konnten – Flüstern wäre genauso effektiv gewesen. In den darauffolgenden Jahren vergrößerten jedoch andere Forscherteams die Reichweite der Übertragung. 1995 verwendeten Forscher der Universität Genf ein Glasfaserkabel, um Nachrichten über 23 km zu senden. 2006 schaffte ein Team vom Los Alamos National Lab in den USA 107 km mit demselben Verfahren. Dies sind noch keine Distanzen, die einen sinnvollen Einsatz in der allgemeinen Kommunikation zulassen, aber sie können an Orten eingesetzt werden, wo die Sicherheit oberstes Gebot ist, beispielsweise in Regierungsgebäuden und Unternehmenszentralen.

Ungeachtet der Überlegungen zur physischen Einschränkung beim Versenden von Nachrichten, gibt es keine Möglichkeit, die Übertragung zu sabotieren, selbst auf Quantenebene. Dieser Quantencode stellt den endgültigen Triumph der Geheimhaltung über den Verrat dar, der Kryptografie über die Krytpanalyse. Wir müssen uns jetzt nur noch damit befassen, wie wir dieses leistungsfähige Werkzeug anwenden und wer davon profitieren soll – keine einfache Frage.

# Anhang

## Verschiedene klassische Chiffren –
## und ein verborgener Schatz

Nachfolgend beschreiben wir verschiedene klassische Kryptografie-Chiffren, die bereits in den Kapiteln dieses Buchs erwähnt, dort aber nicht genauer erklärt wurden. Sie sind stellvertretend für verschiedenste Kryptografietechniken oder einfach nur unterhaltsam. Wir schließen die Auswahl an klassischen Chiffren mit einer fiktiven Entschlüsselung durch den amerikanischen Schriftsteller Edgar Allan Poe ab, die die Häufigkeitsanalyse perfekt verdeutlicht.

## Die Polybius-Chiffre

Diese Chiffre, eine der ältesten, über die wir detaillierte Informationen besitzen, basiert auf der Auswahl von fünf Buchstaben des Alphabets, die als Zeilen- und Spaltenüberschriften einer 5-x-5-Matrix dienen, die mit den Buchstaben des Alphabets gefüllt wird. Die Chiffre besteht darin, dass jeder Buchstabe durch das Buchstabenpaar ersetzt wird, das durch die Zeile und Spalte der Tabelle gekennzeichnet ist, in der er steht. Ursprünglich wurde das griechische Alphabet mit 24 Buchstaben verwendet, deshalb werden im Allgemeinen I und J des englischen Alphabets mit 26 Buchstaben zusammengefasst (siehe nachfolgende Tabelle, die der Einfachheit halber A – E als Überschriften verwendet). Die Tabelle wird in einer zwischen Sender und Empfänger vereinbarten Reihenfolge gefüllt. Jetzt betrachten wir die folgende Tabelle:

|   | A | B | C | D | E |
|---|---|---|---|---|---|
| A | A | B | C | D | E |
| B | F | G | H | I-J | K |
| C | L | M | N | O | P |
| D | Q | R | S | T | U |
| E | V | W | X | Y | Z |

Beachten Sie, dass das chiffrierte Alphabet 25 Buchstaben (5 x 5) haben muss. Das chiffrierte Alphabet kann auch anhand von numerischen Werten angeordnet werden (z. B. mit den Zahlen 1, 2, 3, 4 und 5). In diesem Fall würde die Tabelle wie folgt aussehen:

| | 1 | 2 | 3 | 4 | 5 |
|---|---|---|---|---|---|
| 1 | A | B | C | D | E |
| 2 | F | G | H | I-J | K |
| 3 | L | M | N | O | P |
| 4 | Q | R | S | T | U |
| 5 | V | W | X | Y | Z |

Jetzt betrachten wir ein Beispiel für die Polybius-Chiffre unter Verwendung der beiden Versionen. Die Klartextnachricht lautet „BLANKO". Aus der ersten Tabelle erhalten wir:

B wird durch das Paar AB ersetzt.

L wird durch das Paar CA ersetzt.

A wird durch das Paar AA ersetzt.

N wird durch das Paar CC ersetzt.

K wird durch das Paar BE ersetzt.

O wird durch das Paar CD ersetzt.

Die verschlüsselte Nachricht lautet „ABCAAACCBECD". Wenn wir die numerische Version verwenden, erhalten wir über einen analogen Prozess 123111332534.

## Die Gronsfeld-Chiffre

Diese Chiffre, erfunden vom Niederländer Jost Maximilian Bronckhorst, dem Grafen von Gronsfeld, wurde im 17. Jahrhundert in Europa verwendet. Es handelt sich dabei um eine polyalphabetische Chiffre, vergleichbar mit dem Vigenère-Quadrat, aber weniger schwierig (und sicher). Zur Verschlüsselung einer Nachricht gehen wir von der folgenden Tabelle aus:

| | A | B | C | D | E | F | G | H | I | J | K | L | M | N | O | P | Q | R | S | T | U | V | W | X | Y | Z |
|---|---|---|---|---|---|---|---|---|---|---|---|---|---|---|---|---|---|---|---|---|---|---|---|---|---|---|---|
| 0: | C | D | E | F | G | H | I | J | K | L | M | N | O | P | Q | R | S | T | U | V | W | X | Y | Z | A | B |
| 1: | D | E | F | G | H | I | J | K | L | M | N | O | P | Q | R | S | T | U | V | W | X | Y | Z | A | B | C |
| 2: | F | G | H | I | J | K | L | M | N | O | P | Q | R | S | T | U | V | W | X | Y | Z | A | B | C | D | E |
| 3: | H | I | J | K | L | M | N | O | P | Q | R | S | T | U | V | W | X | Y | Z | A | B | C | D | E | F | G |
| 4: | L | M | N | O | P | Q | R | S | T | U | V | W | X | Y | Z | A | B | C | D | E | F | G | H | I | J | K |
| 5: | N | O | P | Q | R | S | T | U | V | W | X | Y | Z | A | B | C | D | E | F | G | H | I | J | K | L | M |
| 6: | R | S | T | U | V | W | X | Y | Z | A | B | C | D | E | F | G | H | I | J | K | L | M | N | O | P | Q |
| 7: | T | U | V | W | X | Y | Z | A | B | C | D | E | F | G | H | I | J | K | L | M | N | O | P | Q | R | S |
| 8: | X | Y | Z | A | B | C | D | E | F | G | H | I | J | K | L | M | N | O | P | Q | R | S | T | U | V | W |
| 9: | C | D | E | F | G | H | I | J | K | L | M | N | O | P | Q | R | S | T | U | V | W | X | Y | Z | A | B |

Anschließend wählen wir eine zufällige Zahl von $0-9$ aus, um die Buchstaben in der zu verschlüsselnden Nachricht zu ersetzen. Wenn der Klartext „MATHE-MATIKER" lautet, wählen wir zwölf zufällige Zahlen aus, z. B.: 1, 2, 3, 4, 5, 6, 7, 8, 9, 0, 1, 2. Diese Ziffernreihe ist der Schlüssel für die Chiffre. Anschließend ersetzen wir jeden Buchstaben der Nachricht durch den Buchstaben, der der Zeilennummer in der Referenztabelle (siehe gegenüberliegende Seite) entspricht.

| Nachricht | M | A | T | H | E | M | A | T | I | K | E | R |
|---|---|---|---|---|---|---|---|---|---|---|---|---|
| Schlüssel | 1 | 2 | 3 | 4 | 5 | 6 | 7 | 8 | 9 | 0 | 1 | 2 |
| Verschlüsselte Nachricht | P | F | A | S | R | D | T | Q | K | M | H | W |

M wird verschlüsselt als P (mit dem Buchstaben aus Zeile 1 für den Buchstaben M) usw. Die gesamte Nachricht lautet verschlüsselt also PFASRDTQKMHW. Der Buchstabe A der Nachricht wird als F und T verschlüsselt. Wie üblich bei polyalphabetischen Chiffren, ist dieses System robust gegenüber Brute-Force-Ansätzen und Häufigkeitsanalysen. Die Anzahl der Schlüssel in einer Gronsfeld-Chiffre für ein Alphabet aus 26 Buchstaben beträgt $26! \cdot 10 = 4{,}03 \cdot 10^{27}$ Schlüssel.

## Die Playfair-Chiffre

Die Erfinder dieser Chiffre, Baron Lyon Playfair und Sir Charles Wheatstone (auch Pionier des elektrischen Telegrafen), waren Freunde und Nachbarn und hatten eine gemeinsame Leidenschaft für die Kryptografie. Die Methode erinnert an ihre berühmte Vorgängerin, die Polybius-Chiffre, und verwendet ebenfalls eine Tabelle mit fünf Zeilen und fünf Spalten. Im ersten Schritt wird jeder Buchstabe des Klartexts durch ein Buchstabenpaar ersetzt, das einer Chiffre aus fünf verschiedenen Buchstaben entspricht. In unserem Beispiel ist die Chiffre JAMES. Bei einem Alphabet aus 26 Buchstaben erzeugen wir die folgende Chiffriertabelle:

| J | A | M | E | S |
|---|---|---|---|---|
| B | C | D | F | G |
| H | I-K | L | N | O |
| P | Q | R | T | U |
| V | W | X | Y | Z |

Anschließend wird die Klartextnachricht in Buchstabenpaare untergliedert, sogenannte *Digrafen*. Die beiden Buchstaben aller Digrafen müssen sich unterscheiden. Um potenzielle Zufälle zu vermeiden, verwenden wir den Buchstaben x.

Wir verwenden diesen Buchstaben auch, um ein Digraf aufzufüllen, falls der letzte Buchstabe alleine steht.

Für die Klartextnachricht „TRILL" lautet die Digraf-Unterteilung:

TR IL Lx

Das Wort „TOY" wird zerlegt in:

TO Yx

Nachdem wir die Klartextnachricht in Digraf-Form gebracht haben, können wir mit der Verschlüsselung beginnen. Dabei berücksichtigen wir drei Voraussetzungen:

a) Die beiden Buchstaben des Digrafs liegen in derselben Zeile.
b) Die beiden Buchstaben des Digrafs liegen in derselben Spalte.
c) Nichts vom oben Gesagten.

Im Fall (a) werden die Buchstaben des Digrafs durch den Buchstaben jeweils rechts ersetzt (der „nächste" in der natürlichen Reihenfolge der Tabelle). Auf diese Weise wird das Paar JE verschlüsselt zu AS:

| J | A | M | E | S |
|---|---|---|---|---|

Im Fall (b) werden die Buchstaben des Digrafs ersetzt durch den Buchstaben, der sich in der Tabelle unmittelbar darunter befindet. Der Digraf ET beispielsweise wird als FY verschlüsselt, und TY als YE:

| E |
|---|
| F |
| N |
| T |
| Y |

Im Fall (c) lesen wir zur Verschlüsselung des ersten Buchstaben des Digrafs in seiner Zeile nach, bis wir die Spalte erreichen, die den zweiten Buchstaben enthält. Die Chiffre des Klartexts ist der Schnittstelle der beiden zu entnehmen. Um den zweiten Buchstaben zu verschlüsseln, lesen wir in seiner Zeile nach, bis wir die Spalte erreichen, die den ersten Buchstaben enthält. Die Chiffre des Klartexts ist ebenfalls der Schnittstelle der beiden zu entnehmen.

Im Digraf CO beispielsweise wird C als G und O als I oder K verschlüsselt:

| J | A | M | E | S |
|---|---|---|---|---|
| B | **C** | D | F | G |
| H | *I-K* | L | N | **O** |
| P | Q | R | T | U |
| V | W | X | Y | Z |

Um die Nachricht „TEA" mit dem Schlüsselwort JAMES zu verschlüsseln, gehen wir wie folgt vor:

- Wir drücken das Wort als Digraf aus. TE Ax.
- Das T wird als Y verschlüsselt.
- E als F.
- A als M.
- X als W.

Die verschlüsselte Nachricht lautet „YFMW".

## Das Kryptogramm aus dem Goldkäfer

William Legrand, Hauptprotagonist in *Der Goldkäfer* (1843) von Edgar Allan Poe, erfährt das Versteck eines sagenhaften Schatzes, indem er ein Kryptogramm auf einem Stück Pergament entschlüsselt. Das Verfahren, dem Legrand dabei folgt, ist eine statistische Methode, die auf der Häufigkeit der verwendeten Buchstaben in einem englischen Text basiert. Die verschlüsselte Nachricht sieht wie folgt aus:

```
53‡‡†305))6*;4826)4‡.)4‡);806*;48†8¶60))85
;1‡(;:‡*8†83(88)5*†;46(;88*96*?;8)*‡(;485);
5*†2:*‡(;4956*2(5*4)8¶8*;4069285);)6†8)4‡
‡;1(‡9;48081;8:8‡1;48†85; 4)485†528806*81(
‡9;48;(88;4(‡?34;48)4‡;161;:188;‡?;
```

Legrand geht von der Annahme aus, dass der Originaltext in Englisch verfasst wurde. Der Buchstabe, der im Englischen am häufigsten vorkommt, ist das *e*. Es folgen von der höchsten zur niedrigsten Häufigkeit sortiert die Buchstaben *a, o, i, d, h, n, r, s, t, u, y, c, f, g, l, m, w, b, k, p, q, x, z*.

Unser Held erstellt eine Tabelle aus dem Kryptogramm. In der ersten Zeile stehen die Buchstaben aus der verschlüsselten Nachricht, in der zweiten Zeile die Häufigkeit ihres Vorkommens.

| 8 | ; | 4 | ‡ | ) | * | 5 | 6 | ( | † | 1 | 0 | 9 | 2 | : | 3 | ? | ¶ | — |
|----|----|----|----|----|----|----|----|----|----|----|----|----|----|----|----|----|----|----|
| 33 | 26 | 19 | 16 | 16 | 13 | 12 | 11 | 10 | 8 | 8 | 6 | 5 | 5 | 4 | 4 | 3 | 2 | 1 |

8 ist also sehr wahrscheinlich der Buchstabe *e*. Anschließend sucht er nach Vorkommen des Zeichentrios *the*, das ebenfalls sehr häufig vorkommt, womit er die Zeichen ;, 4 und 8 übersetzen kann.

Aus dem Aussehen des Terms „;(88" erkennt er jetzt, dass dieser „t(ee" darstellt, woraus er folgert, dass das fehlende Symbol ( nur für ein *r* stehen kann, weil *tree* (Baum) der beste Treffer im Wörterbuch ist. Dank weiterer genialer Kryptanalysetechniken und mit sehr viel Geduld gelangt er schließlich zum folgenden verschlüsselten Teilalphabet:

| 5 | † | 8 | 3 | 4 | 6 | * | ‡ | ( | ; | ? |
|----|----|----|----|----|----|----|----|----|----|----|
| A | d | e | g | h | i | n | o | r | t | u |

Das reicht aus, um die Nachricht zu entschlüsseln:


„A good glass in the bishop's hostel in the devil's seat
forty-one degrees and thirteen minutes northeast and by north
main branch seventh limb east side shoot from the left eye of the death's-head
a bee line from the tree through the shot fifty feet out."

# Primzahlen und ihre Bedeutung in der Kryptografie

> *Wirkliche Mathematik spielt für den Krieg keine Rolle. Bislang hat*
> *niemand einen kriegerischen Nutzen der Zahlentheorie entdeckt.*
> Godfrey H. Hardy, *A Mathematician's Apology* (1940)

Um eine Nachricht entschlüsseln zu können, muss die Chiffre unbedingt eine Inverse besitzen. Wie wir bereits bei der Betrachtung der affinen Codes gesehen haben, kann diese Eigenschaft garantiert werden, indem man mit einem Primzahl-Modulus arbeitet. Darüber hinaus bildet das Produkt aus großen Primzahlen eine fast irreversible Funktion. Das bedeutet, nachdem die Multiplikation durchgeführt wurde, ist es sehr arbeitsaufwendig, den Wert der ursprünglichen Faktoren abzuleiten.

Diese Eigenschaft macht diese Operation zu einem sehr praktischen Werkzeug für ein System, das auf asymmetrischen Schlüsseln basiert, beispielsweise den RSA-Algorithmus, der wiederum die Basis für die Verschlüsselung mit öffentlichem Schlüssel bildet. Hier folgt eine detailliertere Betrachtung der Zusammenhänge zwischen Primzahlen und Kryptografie, und wir zeigen, was wir durch die formale mathematische Anwendung von RSA erfahren.

## Primzahlen und der „andere" Satz von Fermat

Die Primzahlen bilden eine Untermenge der natürlichen Zahlen, die alle Elemente der Obermenge enthält, die größer als 1 und nur durch sich selbst und 1 teilbar sind. Ein grundlegender Satz der Arithmetik besagt, dass jede natürliche Zahl größer 1 immer als das Produkt der Potenzen von Primzahlen dargestellt werden kann und dass diese Darstellung (Faktorisierung) bis auf die Reihenfolge eindeutig ist. Zum Beispiel:

$$20 = 2^2 \cdot 5$$
$$63 = 3^2 \cdot 7$$
$$1.050 = 2 \cdot 3 \cdot 5^2 \cdot 7$$

Alle Primzahlen außer 2 sind ungerade. Die beiden einzigen direkt aufeinanderfolgenden Primzahlen sind 2 und 3. Ungerade aufeinanderfolgende Primzahlen, die nur eine Differenz von 2 aufweisen (z. B. 17 und 19), werden als *Primzahlzwilling* bezeichnet. Von speziellem Interesse sind Mersenne- und Fermat-Primzahlen.

Eine Primzahl ist eine Mersenne-Primzahl, wenn sie durch Addition von 1 zu einer Potenz von 2 wird. Beispielsweise ist 7 eine Mersenne-Primzahl, weil $(7 + 1 = 8 = 2^3)$.

Die ersten acht Mersenne-Primzahlen sind:

$$3; 7; 31; 127; 8.91; 131.071; 524.287; 2.147.483.647$$

Wir kennen bisher nur 48 Mersenne-Primzahlen. Die größte davon ist eine gigantische Zahl: $2^{57.885.161} - 1$ entdeckt 2013. Zum Vergleich: Die geschätzte Anzahl der Elementarteilchen im gesamten Universum ist kleiner als $2^{300}$.

Die Fermat-Primzahl ist eine Primzahl in der Form:

$$F_n = 2^{2^n} + 1, \text{ wobei } n \text{ eine natürliche Zahl ist.}$$

Wir kennen nur fünf Fermat-Primzahlen: $3\,(n = 0), 5\,(n = 1), 17\,(n = 2), 257$ $(n = 3)$ und $65.537\,(n = 4)$. Für $n = 5$ bis $32$ ergibt sich keine Primzahl. Die nächste Fermat-Primzahl muss also mindestens gleich $2^{233} + 1$ sein, wenn es sie gibt.

Die Fermat-Primzahlen tragen den Namen des berühmten französischen Juristen und Mathematikers, der sie entdeckt hat, Pierre de Fermat (1601–1665). Der Franzose machte zahlreiche weitere wichtige Entdeckungen im Bezug auf Primzahlen. Eine davon ist der Kleine Satz von Fermat, der besagt:

Wenn $p$ eine Primzahl ist, dann gilt für jede ganze Zahl $a$, dass $a^p = a$ (mod p).

Dieses Ergebnis ist in der modernen Kryptografie von höchster Wichtigkeit, wie wir gleich sehen werden.

## Von Euler zu RSA

Ein weiteres Ergebnis von größtem Interesse in der Modulo-Arithmetik ist die Bézout-Identität. Die Identität legt fest, dass wenn $a$ und $b$ positive ganze Zahlen sind, die Gleichung $\text{ggT}(a, b) = k$ äquivalent dazu ist, dass es zwei ganze Zahlen $p$, $q$ gibt, für die gilt:

$$pa + qb = k$$

Im speziellen Fall $\text{ggT}(a, b) = 1$ können wir sagen, dass es ganze Zahlen $p$ und $q$ gibt, sodass gilt

$$pa + qb = 1$$

Wenn wir im Modulus $n$ arbeiten, können wir folgern, dass wenn ggT $(a,n) = 1$ ist, es zwingend ganze Zahlen $p$ und $q$ gibt, sodass $pa + qn = 1$ gilt. Aus der Voraussetzung von Modulus $n$ wissen wir, dass $qn = 0$, woraus wir schließen, dass es ein $p$ gibt, sodass $pa = 1$, d.h. es gibt das Inverse von $a$ im Modulus $n$, und es ist $p$.

Die Anzahl der Elemente mit einem Inversen im Modulus $n$ ist dann die Anzahl der natürlichen Zahlen $a$ kleiner $n$, die die Gleichung ggT $(a,n) = 1$ erfüllen. Diese Anzahl wird durch die Eulersche φ-Funktion gegeben und als $\varphi(n)$ dargestellt.

Wenn die Zerlegung von $n$ in Primzahlen gleich $n = p_1^{\alpha_1} p_2^{\alpha_2} ... p_k^{\alpha_k}$ ist, dann gilt:

$$\varphi(n) = n\left(1 - \frac{1}{p_1}\right)...\left(1 + \frac{1}{p_k}\right)$$

Für $n = 1.600 = 2^6 5^2$ erhalten wir beispielsweise:

$$\varphi(1.600) = 1.600 \left(1 - \frac{1}{2}\right) \left(1 - \frac{1}{5}\right) = 640$$

Wenn weiterhin gilt, dass $n$ eine Primzahl ist, dann erhalten wir für jeden Wert von $a$ den ggT $(a,n) = 1$. Damit hat jeder Wert von $a$ ein Inversus im Modulus $n$ und damit ist $\varphi(n) = n - 1$.

Jetzt wollen wir noch einmal die wichtigsten Schlüsse zusammenfassen, die wir bisher erhalten haben:

1) $\varphi(n)$ heißt Eulersche φ-Funktion und gibt die Anzahl aller Zahlen kleiner $n$ an, die teilerfremd zu $n$ sind.

2) Wenn $n = pq$, wobei $p$ und $q$ zwei Primzahlen sind, dann ist

$$\varphi(n) = (p-1)(q-1)$$

3) Aus dem Kleinen Satz von Fermat wissen wir, dass wenn $a$ eine ganze Zahl größer 0 und $p$ eine Primzahl ist, die Relation $a^p \equiv a \pmod{p}$ gilt, das entspricht der Aussage, dass $a^{p-1} \equiv 1 \pmod{p}$.

Es fehlt noch das letzte Teil des Puzzles, das durch den Satz von Euler-Fermat bereitgestellt wird. Er besagt:

4) Wenn ggT $(a,n) = 1$, gilt die Äquivalenz $a^{\varphi(n)} \equiv 1 \pmod{n}$.

# Wie funktioniert der RSA-Algorithmus?

Gerüstet mit dem Wissen aus dem letzten Abschnitt können wir die mathematischen Argumente darlegen, die dem Verschlüsselungsprozess des RSA-Algorithmus zugrunde liegen.

Der betreffende Algorithmus verschlüsselt eine numerische Darstellung $m$ einer beliebigen Nachricht unter Verwendung von $p$ und $q$, zweier Primzahlen, mit $n = p \cdot q$. Mit $e$ bezeichnen wir einen Wert, für den gilt, dass ggT $(e, \varphi(n)) = 1$, und wir bezeichnen mit $d$ das Inverse von $n$ im Modulus $\varphi(n)$ [von dem wir wissen, dass es existiert, weil ggT $(e, \varphi(n)) = 1$]. Damit gilt:

$$d \cdot e \equiv 1 \ (\mathrm{mod} \ \varphi(n))$$

Die verschlüsselte Nachricht, $M$, wird verschlüsselt gemäß $M = m^e \ (\mathrm{mod} \ n)$. Der Algorithmus setzt voraus, dass die Originalnachricht $m$ erhalten wird durch $m = M^d = (m^e)^d \ (\mathrm{mod} \ n)$. Der Beweis dieser Gleichung ist äquivalent mit dem Beweis der Gültigkeit von RSA. Dazu kombinieren wir den Satz von Fermat mit dem Satz von Euler-Fermat.

Wir betrachten zwei Fälle:

1) Wenn ggT $(m, n) = 1$, ist gemäß dem Satz von Euler-Fermat $m^{\varphi(n)} \equiv 1 \ (\mathrm{mod} \ n)$.

Wir gehen von der Relation aus, die äquivalent ist zu $e \cdot d - 1 \equiv 0 \ (\mathrm{mod} \ \varphi(n))$, d.h. es gibt einen ganzzahligen Wert $k$, sodass gilt $e \cdot d - 1 = k \cdot \varphi(n)$, d.h. $e \cdot d = k \cdot \varphi(n) + 1$. Wenn wir dies und den Satz von Euler-Fermat anwenden, erhalten wir:

$$(m^e)^d = m^{e \cdot d} = m^{k \cdot \varphi(n) + 1} = m^{k \cdot \varphi(n)} \cdot m = (m^{\varphi(n)})^k \cdot m \equiv 1^k \cdot m \ (\mathrm{mod} \ n) \equiv$$
$$\equiv m \ (\mathrm{mod} \ n)$$

Dies ist das gesuchte Resultat.

2) Wenn ggT$(m, n) \neq 1$ und $n = p \cdot q$, enthält $m$ als Faktor nur $p$, nur $q$ oder beide gleichzeitig.

Im ersten Fall:

a) $m$ ist ein Vielfaches von $p$, d. h., es gibt eine ganze Zahl $r$, sodass gilt $m = r \cdot p$. Wir erhalten also $m^{de} \equiv 0 \pmod{p}$ und schließlich $m^{de} \equiv m \pmod{p}$, mit anderen Worten, es gibt einen Wert von A, sodass gilt:

$$m^{de} - m = A\,p \qquad\qquad (1)$$

Im zweiten Fall

b) haben wir, dass

$$(m^e)^d = m^{e \cdot d} = m^{k \cdot \varphi(n)+1} = m^{k \cdot \varphi(n)} \cdot m = (m^{\varphi(n)})^k \cdot m =$$
$$\equiv (m^{(q-1)})^{k(p-1)} \cdot m \equiv m \pmod{n}$$

Da $\ggT(m,n) = q$, ist $(m,q) = 1$ und nach dem Satz von Fermat $m^{(q-1)} \equiv 1 \pmod{q}$.

Angewendet auf die anfängliche Gleichung:

$$(m^e)^d = m^{e \cdot d} = m^{k \cdot \varphi(n)+1} = m^{k \cdot \varphi(n)} \cdot m = (m^{\varphi(n)})^k \cdot m =$$
$$\equiv (m^{(q-1)})^{k(p-1)} \cdot m \equiv 1^{k\,(p-1)} m \pmod{q} \equiv m \pmod{q}$$

aus der wir schließen, dass es einen Wert B gibt, sodass gilt:

$$m^{de} - m = B q \qquad\qquad (2)$$

Aus den Ausdrücken (1) und (2) können wir beweisen, dass $p \cdot q = n$ ein Teiler von $m^{de} - m$ ist, und damit $m^{de} - m \equiv 0 \pmod{n}$.

Das Vorgehen ist analog, wenn wir $q$ betrachten. Wenn $m$ das Vielfache von $p$ und $q$ gleichzeitig ist, ist das Ergebnis trivial. Damit gilt:

$$(m^e)^d \equiv m \pmod{n}$$

Die Korrektheit der Chiffre des RSA-Algorithmus ist damit bewiesen.

# Bibliografie

BEUTELSPACHER, A.: *Geheimsprachen: Geschichte und Techniken,* München, C.H.Beck, 2013.

BEUTELSPACHER, A.: *Kryptografie in Theorie und Praxis: Mathematische Grundlagen für Internetsicherheit, Mobilfunk und Elektronisches Geld*, Gütersloh, Vieweg+Teubner Verlag, 2010.

FERNÁNDEZ, S., *Classical Cryptography. Sigma Review No. 24*, April 2004.

GARFUNKEL, S., *Mathematics in Daily Life,* Madrid, COMAP, Addison-Wesley, UAM, 1998.

GÓMEZ, J., *From the Teaching to the Practice of Mathematics Barcelona,* Paidós, 2002.

KAHN, D., *The Codebreakers: The Story of Secret Writing*, New York, Scribner, 1996.

LENZE, B.: *Basiswissen Angewandte Mathematik: Numerik, Grafik, Kryptik*, Witten, W3l, 2007.

SINGH, S.: *Geheime Botschaften. Die Kunst der Verschlüsselung von der Antike bis in die Zeiten des Internet.* München, Deutscher Taschenbuch Verlag, 2001.

SINGH, S., *The Secret Codes*, Madrid, Editorial Debate, 2000.

TOCCI, R., *Digital Systems: Principles and Applications*, Prentice Hall, 2003.

WRIXON, FRED B.: *Geheimsprachen. Codes, Chiffren und Kryptosysteme. Von den Hieroglyphen zum Digitalzeitalter*, Potsdam, h. f. ullmann, 2006

# Index